全国高职高专机电类专业规划教材
重庆市级骨干高等职业院校核心课程规划教材

电气运行

主 编 侯德明
主 审 陈 芳

黄河水利出版社
·郑州·

内 容 提 要

本书是全国高职高专机电类专业规划教材，是根据教育部对高职高专教育的教学基本要求及中国水利教育协会职业技术教育分会高等职业教育教学研究会组织制定的电气运行课程标准编写完成的。本书根据电气运行值班的典型工作任务进行编写，主要内容包括电气运行与安全知识、倒闸操作、发电厂与变电站一次系统及自用电系统的运行及事故处理、变压器的运行及事故处理、断路器的运行及事故处理、常用供配电装置的运行及事故处理。

本书可作为高等职业院校和成人高校电力类专业教材，也可以作为发电厂、变电站、供配电电气运行值班人员的培训教材。

图书在版编目(CIP)数据

电气运行/侯德明主编. —郑州：黄河水利出版社，2015.6

全国高职高专机电类专业规划教材

ISBN 978-7-5509-1162-8

Ⅰ.①电… Ⅱ.①侯… Ⅲ.①电力系统运行-高等职业教育-教材 Ⅳ.①TM732

中国版本图书馆 CIP 数据核字(2015)第 139799 号

组稿编辑：简群　电话：0371-66026749　E-mail：w_jq001@163.com

出 版 社：黄河水利出版社

地址：河南省郑州市顺河路黄委会综合楼 14 层　　邮政编码：450003

发行单位：黄河水利出版社

发行部电话：0371-66026940、66020550、66028024、66022620(传真)

E-mail：hhslcbs@126.com

承印单位：河南承创印务有限公司

开本：787 mm×1 092 mm　1/16

印张：11

字数：250 千字　　印数：1—3 000

版次：2015 年 6 月第 1 版　　印次：2015 年 6 月第 1 次印刷

定价：24.00 元

前 言

本书是贯彻落实《国家中长期教育改革和发展规划纲要(2010～2020年)》、《国务院关于加快发展现代职业教育的决定》(国发〔2014〕19号)、《现代职业教育体系建设规划(2014～2020年)》等文件精神,在中国水利教育协会指导下,由中国水利教育协会职业技术教育分会高等职业教育教学研究会组织编写的机电类专业规划教材。该套教材以学生能力培养为主线,体现出实用性、实践性、创新性的教材特色,是一套理论联系实际、教学面向生产的高职教育精品规划教材。

本书是按照项目驱动、任务导向的模块化课程设计编写的。根据电气运行值班的典型工作任务,全书共分为4个模块,即电气运行基础知识模块、电气设备巡视检查与运行监控模块、倒闸操作模块、事故处理模块,采用由岗位工作基础到岗位工作技能的串行结构。本书编写时致力于典型工作任务的实施,通过工作过程获取电气运行岗位的专业知识、技能与经验。

本书由重庆水利电力职业技术学院侯德明担任主编,负责编写并统稿。由湖南水利水电职业技术学院陈芳担任主审,她为本书的成功撰写提供了相关的技术指导,在审阅过程中提出了许多宝贵意见和建议,在此表示深切感谢!同时,在编写过程中,还得到了电力系统有关部门的帮助,在此一并表示感谢!

由于编者水平和实践经验有限,编写时间仓促,书中疏漏和不足之处在所难免,恳请广大读者批评指正。

编 者

2015年2月

目　录

模块3　倒闸操作

模块4　事故处理

模块1　电气运行基础知识

项目1　运行规程

任务1　电气运行的主要任务与要求

1.1.1.1　电气运行的概念

电气运行值班人员对完成电能“发、输、配、供、用”过程的电气设备与输配线路所进行的监视、控制、操作与调节的过程，即为电气运行。

1.1.1.2　电气运行的主要任务

电气运行的主要任务是执行并保证电气系统及其设备的安全、经济运行。

1. 五个绝对不允许

(1)绝对不允许发生重大责任事故。

(2)绝对不允许发生重大伤亡、重大设备损坏事故。

(3)绝对不允许在重要时间和重要地点发生重大事故。

(4)绝对不允许发生有重大社会影响的事故。

(5)绝对不允许因为燃料供应问题而影响安全生产。

2. 安全生产工作五个转变

(1)要推进安全生产工作从人治向法治转变，依法规范、依法监管，建立和完善安全生产法制秩序。

(2)要推进安全生产工作从被动防范向源头管理转变，建立安全生产行政许可制度，严格市场准入，管住源头，防止不具备安全生产条件的单位进入生产领域。

(3)要推进安全生产工作从集中开展安全生产专项整治向规范化、经常化、制度化管理转变，建立安全生产长效管理机制。

(4)要推进安全生产工作从事后查处向强化基础转变，在各类企业普遍开展安全质量标准化活动，落实安全生产工作基础。

(5)要推进安全生产工作从以控制伤亡事故为主向全面做好职业安全健康工作转变，把职工安全健康放在第一位。

3. 安全生产三个不能过高估计

(1)不能过高估计当前安全生产的形势。

(2)不能过高估计企业领导和群众对安全生产的认识。

(3)不能过高估计各个电厂的安全管理水平。

4. 杜绝三无

(1)无违章。

(2)无违纪。

(3)无差错。

5. 考核管理标准

(1)事故。

(2)障碍。

(3)异常。

6. 目标

(1)杜绝人身伤亡事故。

(2)杜绝火灾事故及交通事故。

(3)杜绝重大设备损坏事故(全厂机组全年跳机考核次数低于4次,全年实现百日安全无事故周期2~3个)。

(4)杜绝责任事故(发电运行部:不发生轻伤,不发生误操作,电气倒闸票操作使用率100%、合格率100%)。

1.1.1.3 电气运行的基本要求

电气运行,实质上就是电力的生产。因此,安全性和经济性是对其主要的要求。在电气运行中,为了提高安全运行和经济运行,运行生产中必须做到"四勤",即勤联系、勤调整、勤分析和勤检查。必须强调的是,"四勤"中的"勤",就是经常、定时、思想集中的意思。"勤联系"就是在负荷的增减和事故处理过程中,有关人员必须相互及时联系和配合。"勤调整"就是对系统中的电能质量和有关设备运行的工作参数必须随时调整到规定允许值范围。"勤分析"就是对运行的设备状态随时进行分析、联想和总结,以便采取更科学的对策和做到更完善的管理。"勤检查"就是为了及时消除设备的隐患与故障,电气运行人员必须根据运行规程的规定,定时、定责、定岗地巡查对应的运行任务。

1. 保证安全运行

电力系统由发电厂、各级输电线路及变配电、用电设备组成,其特点是连续不断地同时进行着生产、输配、消耗电能。因此,电力系统各个电气设备之间有着密切的联系和依赖关系,任一电气设备发生故障,都会影响到整个系统的正常运行,以至影响到国民经济各个部门的生产和人民的正常生活。所以,电力系统生产必须保证安全运行。

2. 保证经济运行

由于电能是商品,所以在其生产、输送和使用过程中,必须尽量降低其生产成本、电网损耗和节约用电。在保证系统安全运行的前提下,提高电气运行的经济性主要从以下几个方面入手:

(1)发电部门应尽量降低燃料成本和厂用电率。

(2)加强电网管理,是降低网损的主要手段。

(3)分时计费制,也是一项重大的科学的经济技术调节手段。

1.1.1.4 电气运行的组织及调度原则

1. 电力系统的运行组织原则

电力系统是一个有机的整体,系统中任一个主要设备运行情况的改变,均将影响整个电力系统,因此就有必要在电力系统中建立起统一的调度指挥系统,设置调度机构,来统一领导系统的运行。值班调度员是全系统运行中技术层面的领导人，可以直接对系统内的发电厂、变电所的运行领导人发布命令。

电气运行的值班人员有班长、副班长、值班电工、站用值班电工、值班员及副值班员。

2. 电力系统的运行调度原则

1）调度指挥系统

电网调度指挥系统由发电厂、变电站运行值班单位（含变电站控制中心）、电网各级调度机构等组成。电网的运行由电网调度机构统一调度。

我国《电网调度管理条例》规定，调度机构调度管辖范围内的发电厂、变电站的运行值班单位，必须服从该级调度机构的调度，下级调度机构必须服从上级调度机构的调度。

2）电力系统的调度原则

电力系统的发电、供电和用电是一个不可分割的整体。为了保障电力系统的安全、经济运行，必须实行集中管理、统一调度。

统一调度管理要做到统一计划、统一调度、分层控制、分级指挥、统一平衡电源和负荷，分配发电厂发电任务，指挥电力网络中各种倒闸操作，以实现整个电网的安全、经济运行。

调度规程本质上也是一种运行规程。它与一般设备运行规程的不同之处在于强调了各部门和各级人员的运行责任，兼有技术规程和管理制度的双重性质，因此称作《电网调度管理规程》。

调度机构是电网的生产运行单位，又是网局、省局、供电局的职能部门，代表网局、省局、供电局在电网运行工作中行使指挥权。各级调度在电力系统的运行指挥中是上下级关系。因此，下级调度机构制定的调度规程不应与上级调度部门制定的调度规程相矛盾，各发电厂和变电站的现场运行规程中涉及调度业务的部分，均应取得相应调度机构的同意，如有与调度规程相矛盾的条文，应根据调度规程原则予以修订。在跨省大区电网中，总调度所（网调）是最高调度管理机构；在省内电网中，中心调度所（中调）是最高调度管理机构。

3）值班人员应正确对待调度的操作命令

电网的电气设备实行三级调度。按照调度权利的划分，分别隶属总调度所（简称总调或网调）、中心调度所（简称中调）和地区调度所（简称地调）。设备归谁调度，倒闸操作时就由谁下令操作。

A. 调度的操作命令

操作命令分综合令和具体令。

（1）综合令：倒闸操作只涉及一个发电厂或一个变电所或不必观察对电网影响的操作，一般下综合令。受令单位接令后负责组织具体操作，地线自理。

（2）具体令：倒闸操作涉及两个及以上单位或新设备第一次送电，一般下具体令。具体令由调度人员按操作票内容逐项下达操作指令。每一项操作完成，接到回令，再下达下一项，直到操作全部结束。

B. 怎样对待调度下达的操作命令

（1）对于调度下达的操作命令，值班人员应认真执行。

(2)如对操作命令有疑问或发现与现场情况不符,应向发令人提出。

(3)如操作命令将直接威胁人身或设备安全,则应拒绝执行。同时,将拒绝执行命令的理由以及改正命令的建议,向发令人及本单位的领导报告,并记入值班记录中。

C. 允许不经调度许可的操作

紧急情况下,为了迅速处理事故,防止事故的扩大,允许值班人员不经调度许可执行下列操作,但事后应尽快向调度报告,并说明操作的经过及原因。

(1)直接对人员生命有威胁的设备停电或将机组停止运行。

(2)将已损坏的设备隔离。

(3)恢复厂用或站用电源,或按规定执行紧急情况下保证厂用电、站用电的措施。

(4)母线已无电压,拉开该母线上的断路器。

(5)将解列的发电机并列(指非内部故障跳闸的发电机)。

(6)按现场运行规程的规定:

①强送或试送已跳闸的断路器。

②将有故障的电气设备紧急与电网解列或停止运行。

③继电保护或自动装置已发生或可能发生误动,将其停用。

④失去同期或发生振荡的发电机,在规定时间内不能恢复同期的,将其解列等。

任务2　电气运行制度及规程

1.1.2.1　两票三制

1. 工作票

1)工作票的作用

工作票是批准在电气设备上工作的书面命令,也是明确安全职责,严格执行安全组织措施,向工作人员进行安全交底,履行工作许可、工作间断、工作转移和工作终结手续,同时实施安全技术措施等的书面依据。因此,在电气设备上工作时,必须按要求填写工作票。

2)工作票的种类及使用范围

工作票的种类如下所示:

$$
\text{工作票}\begin{cases}\text{第一种工作票}\\\text{第二种工作票}\\\text{口头或电话命令}\end{cases}
$$

A. 第一种工作票的使用范围及规定

a. 第一种工作票的使用范围

(1)凡在高压电气设备上或在其他电气回路上工作,需要将高压电气设备停电或装设遮栏的。

(2)凡在高压室内的二次回路和照明等回路上工作,需要将高压设备停电或装设安全措施者。

b. 填写第一种工作票的规定

(1)为使运行值班员能有充分时间审查工作票所列安全措施是否正确完备,是否符合现场条件，第一种工作票应在工作前 24 h 交给值班员。工作票中下列几项不能涂改：设备的名称和编号，工作地点，接地线装设地点，计划工作时间。

(2)工作票一律用钢笔或圆珠笔填写，一式两份，不得使用铅笔或红色笔，要求书写正确、清楚，不能任意涂改。如有个别错别字要修改，应在要改的字上划两道横线，即被改的字也能看清楚。

(3)应在工作内容和工作任务栏内填写双重名称，即设备编号和设备名称，其他有关项目可不填写双重名称。

(4)当工作结束后，如接地线未拆除，除允许值班员和工作负责人先行办理工作终结手续，将其中一份工作票退给检修部门（不填接地线已拆除）作为该项工作的终结外，要待接地线拆除，恢复常设遮栏后，才可作为工作票终结。

(5)当几张工作票合用一组接地线时，若其中有的工作终结，只要在接地线栏内填写接地线不能拆除的原因，即可对工作票进行终结；当这组接地线拆除后，恢复常设遮栏，方可给最后一张工作票进行终结。

(6)凡在工作中需要进行高压试验项目的，则必须在工作票的工作任务栏内写明。在同一个电气连接部分发出带有高压试验项目的工作票后，禁止再发出第二张工作票；若确实需要发出第二张工作票，则原先发出的工作票须收回。

(7)用户在电气设备上工作，必须同样执行工作票制度。

(8)在一经合闸即可送电的工作地点的断路器及两侧隔离开关操作把手上均挂“禁止合闸，有人工作！”的警告牌。

(9)如工作许可人发现工作票中所列安全措施不完善，而工作票签发人又远离现场，则允许在工作许可人填写栏内对安全措施给以补充和完善。

(10)值班人员在工作许可人填写的栏内，不准填写“同左”等字样。

(11)工作票应统一编号，按月装订，评议合格，保存一个互查周期。

(12)工作票要求进行的验电，装拆接地线，取、放控制回路熔丝等操作均需填写安全措施操作票，其内容、考核同倒闸操作票。

(13)计划工作时间与停电申请批准的时间应相符。确定计划工作时间时应考虑前、后留有 0.5 ~ 1 h，作为安全措施的布置和拆除时间。若扩大工作任务而不改变安全措施，必须由工作负责人通过工作许可人的调度同意，方可在第一种工作票上增加工作内容。若需变更安全措施，必须重新办理工作票，履行许可手续。

(14)工作票签发人在考虑设置安全措施时，应按本次工作需要拉开工作范围内所有断路器、隔离开关及二次部分的操作电源，许可人按实际情况填写具体的熔丝和连接片接通情况。工作地点所有可能来电的部分均应装设接地线，签发人说明需要装设接地线的具体地点，不写编号，许可人则应写接地线的具体地点和编号。

(15)对工作地点，保留带电部分和补充安全措施栏，是运行人员向检修人员交代安全注意事项的书面依据。

①检修设备间隔上、下、左、右、前、后保留带电部分和具体设备名称编号。

②指明与检修工作地点相邻的其他保护盘的运行情况。

③其他需要向检修人员交代的注意事项。

工作票终结时间应在安全措施拆除之后,不得超出计划停电时间。工作票在值班负责人全面复查无误并签名后方可盖“已终结”章,向调度汇报竣工。

B. 第二种工作票的使用范围及规定

a. 第二种工作票的使用范围

(1)带电作业和在带电设备外壳上的工作。

(2)控制盘、低压配电盘、配电箱、电源干线上的工作。

(3)二次接线回路上的工作,无须将高压设备停电的。

(4)非当值值班人员用绝缘棒对电压互感器定相或用钳形电流表测量高压回路的电流等。

(5)在同步调相机的励磁回路或高压电动机转子电阻回路上的工作。

☆第二种工作票与第一种工作票的最大区别是不需要将高压设备停电或装设遮栏。

b. 填写第二种工作票的规定

(1)第二种工作票应在工作前交值班员。

(2)建筑工、油漆工和杂工等非电气人员在变电站内工作,如因工作负责人不足,可指定本单位经《电力安全工作规程》考试合格的人员作为监护人,工作票交给监护人。

(3)在几个电气部分上一次进行不停电的同一类型的工作时,可发给一张第二种工作票。工作类型不同,则应分别开票。

(4)第二种工作票不能延期。若工作没结束,可先终结,再重新办理第二张工作票手续。

(5)注意事项栏内应填写的项目为:

①带电工作时重合闸装置的投切情况。

②做保护定校、检查工作时,该套保护及母线有关连接的保护连接片的投切情况,工作设备与其他相邻保护应用遮栏隔开的情况。

③在直流回路、低压照明回路或低压干线上工作时,电源开关及熔断器的切除情况,按需要装设的接地线或挡板情况。

④在邻近运行设备工作时应注明设备运行情况,安全距离应以数字表示。

⑤在蓄电池室内工作,应提醒工作人员注意“禁止烟火”。在控制室、直流室或蓄电池室顶部工作时,下面应装设遮栏布及注明其他注意事项。

⑥在高空作业时,应注明下层涉及周围设备运行情况。

⑦工作时防止事故发生的措施,不要笼统地写“注意”“防止”等字样,如“防震动、防误跳、防误拔继电器、防跑错间隔”等,应写明具体措施,如“加锁、切连接片”或“贴封条”等。

⑧带电拆引线时,应注明该引线是否带负荷等具体情况;进行带电测温、核相等工作时,应注明设备的运行情况。

⑨在变电站内地面挖掘时,应注明地下电缆及接地装置情况。

C. 口头或电话命令的工作

(1)该种工作一般指变电值班人员按现场规程规定进行工作。如检查人员在低压电动机和照明回路上工作,可用口头联系。口头或电话命令必须清楚正确,值班人员将发令人、负责人及工作任务详细记入记录簿中，并向发令人复诵，核对无误。

(2)在事故抢修情况下可不用工作票。事故抢修系指设备在运行中发生了故障或严重缺陷，需要紧急抢修，而工作量不大，所需时间不长，在短时间内能恢复运行的，此种工作可不用工作票，但在抢修前必须做好安全措施，并得到值班员的许可。如果设备损坏比较严重，或因等待备品、备件等，短时间不能修复、需转入事故检修的，则仍应补填工作票，并履行正常的工作许可手续。

3)执行工作票的程序

A. 签发工作票

在电气设备上工作，工作票签发人应根据所要进行的工作性质，依据停电申请，填写工作票中有关内容，并签名表示对已填写内容负责。

B. 送交现场

已填写签发的工作票应及时送交现场。第一种工作票应在工作前一日交给变电值班员，临时工作的工作票可在工作开始前直接交给变电值班员。第二种工作票应在进行工作的当天预先交给值班员，主要目的是使变电值班员能有充分时间审查工作票所列安全措施是否正确完备，是否符合现场条件等。

若距离较远或因故更换工作票，不能在工作前一日将工作票送到现场，工作票签发人可根据自已填好的工作票用电话全文传达给变电值班员，传达必须清楚。变电值班员根据传达作好记录，并复诵校对。

C. 审核把关

已经送交变电值班员的工作票，应由变电值班人员认真审核，检查工作票中各项内容，如计划工作时间、工作内容、停电范围等是否与停电申请内容相符，要求现场设置的安全措施是否完备，与现场条件是否相符等。对工作票中所列内容，即使发生很小疑问也必须向签发人问清楚，必要时应要求重新签发工作票。为了不影响按时开工且留给变电值班员审核把关时间，除要求工作票提前送交外，同时也要求变电值班员在收到已签发的工作票后及时审核，以便及时发现问题，及时纠正。审核无误后应填写收到工作票的时间，审核人签名。

D. 布置安全措施

变电值班员应根据审核合格的工作票中所提要求，填写安全措施操作票，并在得到调度许可将停电设备转入检修状态的命令后执行。应从设备开始停电时间起，即对设备进行停电操作时刻起开始考核。因此，变电值班员在接到调度命令后即应迅速、正确地布置现场安全措施，以免影响开工时间。

E. 许可工作

变电值班员完成了工作现场的安全措施以后，应会同工作负责人一起到现场再次检查所做的安全措施。以手背触试证明被检修设备确无电压，向工作负责人指明带电设备的位置，指明工作范围和注意事项，并与工作负责人在工作票上分别签字以证明责任。完成上述手续后工作人员方可开始工作。

F. 开工会

工作负责人在与工作许可人办理了许可手续后，应立即向全体检修工作人员逐条宣读工作票，明确工作要点、现场布置安全措施。而且工作负责人应在工作前，要求工作人员精神状态良好，服饰符合要求，工具材料备妥，安全用具合格、充分；工作内容清楚，停电范围明确，安全措施清楚，邻近带电部位明白，安全距离足够，工作位置及时间清楚，各环节配合明白。

G. 收工会

收工会就是工作一个阶段的小结。工作负责人向参加检修人员了解工作进展情况，其主要内容为工作进度如何，检修工作中发现的缺陷以及处理情况，还遗留哪些问题，有无出现不安全情况以及下一步工作如何进行等。工作班成员应主动向工作负责人汇报：

(1)对所布置的工作任务是否保质保量完成。

(2)消除缺陷项目和自检情况。

(3)有关设备的实验报告。

(4)检修中临时短接线或裁开的线头有无恢复，工器具设备是否完好，是否已全部回收等情况。

收工后检修人员应将现场清扫干净。

H. 工作终结

全部工作完成后，工作负责人应先做周密检查、撤离全体工作人员，详细填写检修记录，向变电值班员递交检修试验资料，并会同值班人员共同对设备状态、现场清洁卫生工作以及有无遗留物件等进行检查。验收后，双方在工作票上签字即表示工作终结，此时检修人员的工作即告完成。

I. 工作票终结

值班员拆除工作地点的全部接地线（由调度管辖的由调度发令拆除）和临时安全措施，并经盖章后工作票方告终结。

工作票流程如下：

填写工作票→签发工作票→接收工作票→布置安全措施→工作许可→工作开工→工作监护→工作间断→工作终结→工作票终结。

2. 操作票

1)操作票的作用

填写操作票是安全正确进行倒闸操作的根据，它把经过深思熟虑制订的操作项目记录下来，从而根据操作票面上填写的内容依次进行有条不紊的操作。电气设备改变运行状态，必须使用操作票进行倒闸操作，这是防止误操作的主要措施之一。

2)操作票的填写方法

操作票由操作人根据值班调度员下达的操作任务、值班负责人下达的命令或操作票工作的要求填写，填写前操作人应了解本设备运行方式和运行状态，对照模拟图安排操作项目。

A. 操作票的填写

(1)电气倒闸操作票应严格按照《电力安全工作规程》和有关规定填写。

(2)操作票统一编号，按照编号顺序使用，不能丢失。一律用蓝、黑墨水的钢笔填写，字迹必须清楚，按照规定格式逐项填写，并进行审核，亲笔签名。

(3)作废的操作票应加盖“作废”印章，调度作废的操作票应加盖“调度作废”印章，已执行的操作票应加盖“已执行”印章。

(4)填写倒闸操作票必须使用统一的调度术语和操作术语。

(5)每张操作票只能填写一个操作目的的任务。一个操作目的的任务是指根据同一个操作目的而进行的不间断的倒闸操作过程。

(6)一个操作目的的任务填写操作票字数超过一页时，为避免重复签名及填写时间等，可将操作开始、结束时间填写在首页，填票、审核、操作、监护人签名和“已执行”印章在末页，续页也应填写操作票调字编号。

B. 下列各项内容应填入操作票内

(1)应拉合的断路器和隔离开关。

(2)检查断路器、隔离开关的实际位置。

(3)检查负荷分配。

(4)装拆接地线等。

(5)操作票填写完毕，经审核正确无误后，在最后一项后的空白处打终止符“々”或盖“以下空白”章，表示以下无任何操作步骤。

C. 操作票填写的注意事项

(1)根据《电力安全工作规程》规定，操作票应填写设备的双重名称，即设备的名称和编号，一般有两种形式：

①编号在前，名称在后。

②名称在前，编号在后。

实际使用中，可按各级调度规定使用。

(2)操作票中下列四项不得涂改：

①设备名称，编号。

②有关参数和时间。

③设备状态。

④操作动词。

如有个别错、漏字允许进行修改，但应做到修改的字和改后的字均要保持字迹清楚，如有个别错字要修改，应在要改的字上划两道横线，不得将其涂擦掉。

D. 操作票中的签名规定如下：

(1)填票人、审核人由填写操作票的运行班次分别签名，并对所填操作票的正确性负责，不经签名，不得向下级移交。

(2)操作人、监护人在执行操作任务前，应对操作票审核无误，在调度员正式发命令后依次签名，并对操作票和所要进行操作任务的准确性负全部责任，如审核发现错误，应作废并重新填写。

E. 检查项目的填写规定

(1)接地线的装拆不需要填检查内容，但拉合接地开关应填写检查内容。

(2)断路器由热备用转运行，不需要检查断路器确在热备用状态。

(3)断路器分、合闸后，操作票中只填写“检查断路器分、合闸位置”，其含义包括三方面:表计指示、位置指示、本体机构位置指示。不必再填写检查表计、灯光等。

(4)母线电压互感器由运行转冷备用,可不填写检查电压表指示情况,而由冷备用转运行,应检查电压表指示情况,以便于及时发现电压互感器工作是否正常及可能存在的问题。

(5)对二次回路操作,如连接片、熔断器、二次电源开关、空气断路器、切换开关等,操作后不要求填写检查内容,因为这些操作本身比较直观、明了。

(6)检查送电范围内确无遗留接地线,送电范围的含义是:变电站可见范围,不包括线路及对侧情况。送电指由电源侧向检修后的设备送电,并非仅仅指对用户送电。

3)操作票制度

在进行倒闸操作时,实行电气操作票制度,是防止电气误操作的有效措施,是《电力安全工作规程》要求运行执行的重要安全措施。

A. 电气操作票制度的一般要求

电气操作票是"两票三制"中的重要内容之一。电气操作票制度在执行中的一般要求是:

(1)不要操作票的操作范围不得任意扩大。按照《电力安全工作规程》的规定,允许下列电气操作不要操作票:

①事故处理。

②拉合断路器的单一操作。

③拉开接地开关或拆除全厂(所)仅有的一组接地线。

其他操作均要填写操作票。

(2)操作票的使用,应符合下列规定:

①操作票应先编号,并按照编号顺序使用。

②一个操作任务填写一张操作票。

③操作票中所填设备名称,实行双重名称。

(3)操作票中应填写的内容如下:

①操作任务。

②应拉合的断路器及隔离开关的名称、编号。

③断路器及隔离开关的分、合实际位置。

④投入或取下控制回路、信号回路、电压互感器回路的熔断器。

⑤定相或检查电源是否符合并列条件。

⑥检查负荷分配情况。

⑦断开或投入保护(连接片)或自动装置。

⑧验电,检查回路是否确无电压。

⑨挂、拆接地线(合、拉接地开关),检查接地线(接地开关)是否拆除(拉开)等。

(4)倒闸操作中的辅助操作包括:

①测量绝缘电阻。

②变压器或消弧线圈改分接头。

③启停强油循环变压器的油泵。

④接通或断开断路器的合闸动力电源及隔离开关的控制电源等。

这些操作是否写入操作票中,应根据各厂(所)的操作习惯而定。

(5)操作票实行三审制。"三审"是指操作票填好后,必须进行三次审查:

①自审,由操作票填写人进行。

②初审,由操作监护人进行。

③复审,由值班负责人(班长)进行。

三审后的操作票,经值长批准生效,取得调度正式操作令后执行操作。

(6)固定操作票的使用。对于与电气运行方式关系不大的频繁操作或特定操作,在不违反《电力安全工作规程》、不降低安全水平的情况下,经领导批准,可以使用内容、格式统一的固定操作票。使用固定操作票,也要审票并监护。一般可考虑使用固定操作票的操作有:

①高低压电动机停送电。

②发电机解并列。

③设备定期联动试验等。

操作票的格式如表1-1所示。

表1-1 电气倒闸操作票样票

单位: 编号:

发令人		受令人		发令时间	年 月 日 时 分
操作开始时间	年 月 日 时 分		操作结束时间	年 月 日 时 分	
( )监护下操作 ( )单人操作 ( )检修人员操作					
操作任务:					
顺序	操作项目				√
备注:					
操作人:	监护人:		值班负责人(值长):		

注:①操作票填写应清楚、整齐,不得涂改,不得使用铅笔填写。

②每操作完一项,应画上已执行记号(打√)。

③操作完毕应盖"已执行"章,并至少保存3个月。

4）操作票管理

（1）倒闸操作票（包括安全措施操作票）应统一编号、统一发放，生产现场不得有同编号的操作票。微机开票亦应遵循连号原则，不得重复，不得提供改号功能。

（2）每月已执行和作废的操作票均要按自然编号排列，装上封面归档保存，倒闸操作票的保存期为一个检查周期。

（3）操作票票面统一使用以下印章：已执行、作废、调度作废、合格、不合格。

（4）操作票正确性的评议包括票面和执行两个部分。凡不符合有关操作票填写、执行规定，操作票缺号、无号，降低安全标准或发生操作错误者，一经发现均应统计为错票。

（5）当班值班负责人应对上一班已执行的操作票进行评议，票面正确，评议人在操作票备注栏中盖“合格”评议章并签名；对于存在问题的操作票，应报变电所所长（或运行班长）进一步加以审核，如确为错票，应加盖“不合格”评议章并签名，同时应在操作票备注栏说明原因，一份操作票超过一页时，评议章盖在最后一页。

（6）运行班长或技术员每月应对全所操作票进行汇总、统计、审核、评析。对存在的问题应在运行分析会上进行认真分析，提出应对措施。

（7）操作票合格率的计算办法：

$$\text{月合格率} = \text{该月已执行合格票数}/\text{该月应执行的总票数} \times 100\%$$

其中

$$\text{该月应执行的总票数} = \text{该月已执行合格票数} + \text{该月已执行不合格票数} + \text{应开未开的操作票数}$$

本月预发和填写的操作票，本月发令执行，但执行时间跨月的，统计在本月；隔月发令执行的，统计在下月。

3. 运行交接班制度

交接班制度主要是规定运行值班人员在交接班时的职责和职权、交接班的内容、交接班的方法和顺序。

交接班的内容应包括现场设备检查，各岗位运行日志和各种记录的查阅，安全用具、工具、备品和规程、资料的清点，以及异常运行、设备缺陷、检修情况和运行方式变动情况的交接等。具体的交接内容应根据各岗位的职责和需要予以规定，并报上级有关领导批准。

交班人在交班前应做好准备，检查本班有关事项是否均已记入各类记录簿，检查各类交接物件是否齐全等。在未做好交班准备时双方不应交接班。接班人应提前到班做好接班前的检查准备工作，并会同交班人一起进行各项交接班检查。交接班检查结束后，双方在交接班记录簿上认可签字，交接班手续至此完成。

在处理事故或进行重要的操作时，不得进行交接班。

值班人员在值班时应填写下列值班记录：

（1）交接班记录簿。

（2）运行日志，按时系统地记录各台机组的运行情况及技术数据。

（3）设备缺陷记录簿，主要记载值班时发现的设备缺陷和不良状况及相应的处理方法。该记录簿应由值（班）长逐项查阅并签字。

(4)命令记录簿，主要记录现行规程中未包括而需要长期执行的指示、运行时临时发布的命令及批评意见。值(班)长和运行值班人员都应在命令记录簿上认可签字。

上述值班记录在交接班时，交班人员应交代清楚，接班人应仔细查阅，询问明白。为保证机组的安全经济运行，各岗位应认真做好交接班工作，杜绝因交接不清造成的设备异常运行。

1)交接班时间及注意事项

(1)运行人员应根据轮值表进行值班，未经领导同意不得擅自改变。运行人员不允许连续值两个班。

(2)交班前，值班负责人应组织全体运行人员进行本班工作小结，提前检查各项记录是否及时登记，并将交接班事项填写在运行日志上。

(3)若接班人员因故未到，交班人员应坚守岗位，并汇报班长，待接班人员前来接班并正式办好交接手续后方可离岗。

(4)在重大操作、异常运行以及事故时，不得进行交接班。接班人员可在交班值长、班长的统一领导下，协助上一班进行工作，待重大操作或事故处理告一段落后，由双方值长决定交接班。

(5)交班人员发现接班人员精神异常或酗酒，不应交班，并将情况汇报有关领导。

2)交接班的具体内容及要求

(1)交班前各值班人员应对本岗位所辖设备全面检查一次，并将各运行参数控制在规定的范围内。

(2)交班人员应将值班期间发现及消除缺陷的情况记录并交代清楚。

(3)交班前公用工具、钥匙、材料等清点齐全，各种记录本、台账应完整无损，现场卫生应打扫干净。

(4)交班人员应详细交代本班次内的系统运行情况、异常运行的操作情况，以及上级指示和注意事项。接班人员也应主动向交班人员详细询问上述情况，并核对模拟图及有关报表、表计。

(5)交接班应做到“口头清，书面清，现场清”。

(6)接班人员提前20 min进入现场，并做好以下工作：

①详细阅读交接班记录簿及有关台账，了解上值本岗位设备运行情况。

②听取交班人员对运行情况的陈述，核对有关记录。

③按照各岗位的接班检查要求巡视现场，检查并核对设备缺陷及检修情况，清点有关台账和材料。

④巡检中发现的问题，及时向交班人员提出，并汇报班长，由双方做好有关记录和说明。

(7)接班前5 min由班长召开班前会，听取各岗位检查情况汇报，布置本班主要工作、事故预想及注意事项。

(8)必须正点交接班，集控室内由值长统一发令，其余外围专业由班长发令，外围岗位按规定交接。

(9)双方交接清楚后，应在交接班本上签名。接班人员签名后，运行工作的全部责任由接班人负责。

(10)各外围岗位接班后10 min内向班长汇报，班长接班后15 min内向值长汇报，值长30 min内向调度汇报，并逐级布置本值内的主要工作、事故预想及注意事项。

(11)正式交班后，交班班长应根据情况召开班后会，小结当班工作。

4. 运行巡回检查制度

巡回检查是保证设备安全运行、及时发现和处理设备缺陷及隐患的有效手段，每个运行值班人员应按各自的岗位职责，认真、按时执行巡回检查制度。巡回检查分交接班检查、特殊情况检查和定期巡回检查。

(1)值班人员必须认真按时巡视设备。

(2)值班人员必须按规定的设备巡视路线巡视本岗位所分工负责的设备，以防漏巡设备。

(3)巡回检查时应带好必要的工具，如安全帽、手套、手电、电笔、防尘口罩、听音器等。

(4)巡回检查时必须遵守有关安全规定，不要触及带电、高温、高压、转动等危险部位，防止危及人身和设备安全。

(5)检查中若发现异常情况，应及时处理、汇报；若不能处理，应填写缺陷单，并及时通知有关部门处理。

(6)检查中若发生事故，应立即返回自己的岗位处理事故。

(7)巡回检查前后，均应汇报班长，并做好有关记录。

(8)每班值班期间，对全部设备检查应不少于三次，即交、接班各一次，班间相对高峰负荷时一次。

(9)对于天气突变、设备存在缺陷及运行设备失去备用等各种特殊情况，应临时安排特殊检查或增加巡视次数，并做好事故预想。

(10)对运行记录和设备运行状况进行全面分析，及时采取相应措施，消除缺陷或提出防止事故发生的对策，并为改进设备、改进运行操作和合理安排运行方式提供依据。

5. 设备定期试验与切换制度

(1)运行各班、各岗位应按规定的时间、内容和要求，认真做好设备的定期试验、切换、加油、测绝缘等工作。班长在接班前应查阅设备定期工作项目，在班前会上进行布置，并督促实施。

(2)当遇机组启停或事故处理等特殊情况，不能按时完成有关定期工作时，应向值长或值班负责人申明理由并获同意后，在交接班记录簿内记录说明，以便下一班补做。

(3)经试验、切换发现缺陷时，应及时通知有关检修人员处理，并填写缺陷通知单。若一时不能解决，经生产副厂长或总工程师同意，可作为事故或紧急备用。

(4)电气测量备用辅助电动机绝缘不合格时，应及时通知检修人员处理。

(5)各种试验、切换操作均应按岗位职责做好操作和监护，试验前应做好相应的安全措施和事故预想。

(6)定期试验与切换中发生异常或事故时，应按运行规程进行处理。

(7)运行人员应将本班定期工作的执行情况、发现问题及未执行原因及时登记在定期试验、切换记录簿内，并做好交接班记录。

为了保证备用设备的完好性，确保运行设备故障时备用设备能正确投入工作，提高运行可靠性，必须对设备定期进行试验与切换。

1.1.2.2 电气运行规程

电气运行规程包括发电机、变压器、电动机、配电装置、继电保护、自动装置等电气设备的运行规程。这些规程是电气设备安全运行的科学总结，反映了电气设备运行的客观规律，是保证发电厂安全生产的技术措施，是运行值班人员对设备进行运行操作、运行维护及事故处理的依据。各岗位运行人员必须掌握规程的规定条文，严格按照规程的规定进行运行调整、系统倒换、参数控制、故障处理。

1. 运行规程的编制依据

编制依据有以下几个方面：

(1)《电力工业技术管理法规(试行)》。

(2)电力部颁布的各种电气设备运行规程、安全工作规程和运行管理规程。

(3)本厂站一次接线、保护配置等设计资料。

(4)本厂站各种设备技术性能、使用说明等制造厂家资料。

(5)与本厂站有调度业务联系的调度部门制定的调度规程。

(6)网、省局有关运行管理的规定。

(7)本单位运行的实践经验。

2. 运行规程的内容

运行规程一般包括：

(1)主要设备的性能、特点、正常和极限运行参数。

(2)设备和建筑物在运行中检查巡视、维护、调整和观测的要点及注意事项。

(3)设备的操作程序。

(4)设备异常及事故情况的判断、处理和注意事项。

(5)有关安全作业、消防方面的规定。

发电厂电气运行规程由电气运行技术负责人编写，本厂总工程师批准执行；变电站现场运行规程由本站技术负责人编写，供电局总工程师批准执行。

☆电气设备的正常运行巡视、倒闸操作和事故处理是运行工作的主要内容。发电厂和变电站的运行规程不论采用什么编写形式，都必须突出这三方面的内容。

3. 运行规程的修订

运行规程的修订过程是学习和深入体会规程精神实质的过程。除扩建和更改工程后应组织对运行规程进行修改、补充外，正常运行的发电厂、变电站也应定期组织对运行规程进行修订。修改补充的根据，一般来自下列资料：

(1)运行分析报告中发现原规程的错漏或不足之处。

(2)反事故演习中发现的规程中不够明确的条款。

(3)事故分析中发现的错漏之处。

1.1.2.3 运行分析制度

1. 运行分析的内容

运行分析的内容包括岗位分析、专业分析、专题分析和异常运行及事故分析。

(1)岗位分析。运行人员在值班期间对仪表活动、设备参数变化、设备异常和缺陷、操作异常等情况进行分析。

(2)专业分析。专业技术人员将运行记录整理后,进行定期的系统性分析。

(3)专题分析。根据总结经验的要求,进行某些专题分析,如机组启停过程分析、大修前设备运行状况和改进的分析、大修后设备运行工况的对比分析等。

(4)异常运行及事故分析。发生事故后,对事故处理和有关操作认真进行分析评价,总结经验教训,不断提高运行水平。

2. 做好运行分析的要求

为了做好运行分析,要求做到以下几点:

(1)运行值班人员在监盘时应集中思想,认真监视仪表指示的变化,按时并准确地抄表,及时进行分析,并进行必要的调整和处理。

(2)各种值班记录、运行日志、月报表及登记簿等原始资料应填写清楚,内容正确、完整,保管齐全。

(3)记录仪表应随同设备一起投入,指示应正确。若记录仪表发生缺陷,值班人员应及时通知检修人员修复。

(4)发现异常情况,应认真追查和分析原因。

(5)发现重大的设备异常或一时难以分析和处理的异常情况时,应逐级汇报,组织专题分析,提出对策,采取紧急措施,同时运行人员应做好事故预想。

1.1.2.4 其他制度

1. 设备缺陷管理制度

该制度是为了及时消除影响安全运行或威胁安全生产的设备缺陷,提高设备的完好率,保证安全生产的一项重要制度。

该制度规定了运行值班人员管辖的设备缺陷范围、发现设备缺陷的汇报、设备缺陷的登记和缺陷记录的主要内容等。

2. 运行管理制度

该制度包括做好备品(如熔断器、电刷等)、安全用具、图纸、资料、钥匙及测量仪表管理的规定。

3. 运行维护制度

运行维护主要指对电刷、熔断器等部件的维护。对发现的其他设备缺陷,运行值班人员能处理的应及时处理,不能处理的由检修人员或协助检修人员进行处理,以保证设备处于良好的运行状态。

1.1.2.5 运行日志

运行日志的记录是值班工作的动态文字反映,是整个运行工作中的一个重要内容。它能帮助值班人员掌握电气设备的运行参数,进行运行分析,发现设备的隐患,及时调整负荷和更改运行方式,从而保证生产任务的完成和降低消耗指标。运行值班人员应学会记录运行日志,计算有关的参数。运行日志中主要参数有以下几项:

(1)电量(kW·h)。包括发电量、厂用电量、受电量(指发电厂与系统并列运行时,发电厂从系统接收的电量)、送出电量等。

(2)电力(kW)。主要有发电电力、受电电力、送出电力、厂用电力、最大负荷和最小负荷。

(3)厂用电率、负荷率、煤耗率、给水泵用电消耗、循环水用电消耗、制粉用电消耗、锅炉风机用电消耗等。

(4)主要设备的电流、温度和各母线的电压。

项目2 倒闸操作规程

任务1 倒闸操作的责任与任务

在进行电气运行的工作中,运行人员要随时根据设备的运行状态及调度的命令改变系统的运行方式或改变设备的状态,以保证电力生产的安全性及经济性。例如,让某某线路由运行转检修,让某某母线由热备用转冷备用,将某某变压器由运行状态切换为空载状态,将某某双母线接线运行方式变为单母线接线运行方式等,我们把这种调节行为称之为倒闸操作。因此,倒闸操作就是将电气设备由一种状态转换为另一种状态或改变系统的运行方式所进行的一系列操作。

由于倒闸操作是实现设备运行的开始、结束或变换参数的操作,因此它是一项操作复杂而又特别危险的行为,对其过程的正确性与严肃性要求尤显突出。

1.2.1.1 倒闸操作的责任

电力系统各级调度、变电所值班人员及企业电工,在倒闸操作中均负有重要责任。

1. 调度责任

(1)下级服从上级的领导。

(2)发令人对自己所发的调度命令正确性负责。

(3)接令人对自己所进行的倒闸操作正确性负责。

(4)接令人负责标准质量把关,定时巡测各动力系统运行的主要技术参数。

(5)发令人负责接收各部门报修要求,查询、分类,并做好记录。

(6)发令人负责调派有关工种实施日常维修,并督促、检查、落实各项维修项目。

(7)接令人负责重要地方的检查,及时落实维修项目。

2. 技术责任

(1)严格遵守规程制度。

(2)认真执行操作票制度及监护制度。

(3)按制造厂规定的要求及设计条件使用电气设备。

3. 安全责任

(1)预防和避免发生设备异常及误操作。

(2)保证供电的连续性,防止发生停电事故。

1.2.1.2 倒闸操作的任务

(1)正确实现电气设备状态的改变、切换。

(2)保证发电、变电、输电、用电安全及稳定的运行。

(3)企业用电安全不受倒闸操作的人为影响。

①双电源的用户,应做到连续供电。

②单电源的用户,应事先进行安排,对停电做必要的准备、通知。计算机应提前切到UPS上供电。

(4)安排合适的倒闸操作时间。

①条件允许时,倒闸操作尽量安排在用电负荷轻、对生产生活影响最小的时候,或在后夜进行。

②为了减少误操作,除紧急情况及事故处理外,交接班期间一般不要安排倒闸操作。

③重要节日期间,最好不要安排倒闸操作。

1.2.1.3 倒闸操作的步骤

所有电气倒闸操作,均必须严格按照以下12项步骤执行:

(1)调度预发操作任务,值班员接受并复诵无误。

(2)操作人查对模拟图板,填写操作票。

(3)审票人审票,发现错误应由操作人重新填写。

(4)监护人与操作人相互考问和预想。

(5)调度正式发布操作指令,并复诵无误。

(6)按操作步骤逐项操作模拟图,核对操作步骤的正确性。

(7)准备必要的安全工具、用具、钥匙,并检查绝缘板、绝缘靴、令克棒、验电笔等的好坏。

(8)监护人逐项唱票,操作人复诵,并核对设备名称编号。

(9)监护人确认无误后,发出允许操作的命令"对,执行!",操作人正式操作,监护人逐项勾票。

(10)对操作后设备进行全面检查。

(11)向调度汇报操作任务完成并做好记录,盖"已执行"章。

(12)复查、评价、总结经验。

1.2.1.4 倒闸操作监护制度

操作监护制是我国发供用电运行部门普遍实行的一种基本工作制度,即倒闸操作时实行一人操作、一人监护的制度。这个制度在执行中有以下基本要求。

1. 倒闸操作必须由两人进行

(1)通常由技术水平较高、经验比较丰富的值班员担任监护,另一人担任操作。

(2)变电所及用户,每个值班人员及电工的监护权、操作权应在岗位责任制中明确规定,考试合格后由领导以书面命令正式公布,并取得合格证。

2. 操作前应进行模拟预演

经"三审"批准生效的操作票,在正式操作前,应在"电气模拟图"上,按照操作票的内容和顺序模拟预演,对操作票的正确性进行最后检查、把关。

3. 按程序进行操作

每进行一项操作,都应遵循"唱票→对号→复诵→核对→操作"这5个程序进行。具体地说,就是每进行一项操作,监护人按操作票的内容、顺序先"唱票"(下操作令);然后操作人按照操作令查对设备名称、编号及自己所站的位置,无误后,复诵操作令;监护人听到复诵的操作令后,再次核对设备名称、编号无误,最后下达“对,执行!”的命令,操作人方可进行操作。

4. 操作票按顺序执行

(1)不得跳项和漏项,也不得擅自更改操作票内容及操作顺序。每执行完一项操作,做一个记号“√”。

(2)除非发生特殊情况(如操作人突发急病,或中途发生事故、受伤等),不要随便更换操作人或监护人。

(3)操作中发生疑问或发现电气闭锁装置动作,应立即停止操作,报告值班负责人,查明原因后,再决定是否继续操作。

全部操作结束后,派人对操作过的设备进行复查,并向发令人回令。

任务2　倒闸操作规范

(1)调度操作指令要由有权发布指令的调度值班员(所属调度单位发文公布)发布,操作人和监护人必须由上级部门批准并公布的合格人员担任。

(2)现场一次、二次设备要有明显标志,包括设备名称、编号、铭牌、操作转动方向、切换位置的指示以及区别电气相线的标色。

(3)发电厂电气控制室或集控室要有与现场设备实际接线一致、运行状况相符的模拟操作图、二次回路原理图和展开图。一次模拟图上应能表明主要电气设备的名称编号、实际状况和接地线的装设位置。

(4)倒闸操作要有明确、合格的操作依据(调度下达或工作票要求)。

(5)要有统一的、确切的调度术语和操作术语,并使用普通话。

(6)要有合格的操作工具、安全用具和设施(包括对号放置接地线的专用装置、专用的接地线装设地点)。一次设备应设有可靠的电气防误装置。

(7)电气操作应根据调度指令进行。紧急情况下,为了迅速消除电气设备对人身和设备安全的直接威胁,或为了迅速处理事故、防止事故扩大、实施紧急避险等,允许不经调度许可执行操作,但事后应尽快向调度汇报,并说明操作的经过及原因。

(8)发布和接受操作任务时,必须互报单位、姓名,使用规范术语、双重命名,严格执行复诵制,双方录音。

(9)雷电时禁止进行户外操作(远方操作除外)。

(10)电气设备转入热备用前,继电保护必须按规定投入。

(11)一次设备不允许无保护运行。一次设备带电前,保护及自动装置应齐全且功能完好、整定值正确、传动良好、连接片在规定位置。

(12)系统运行方式和设备运行状态的变化将影响保护工作条件或不满足保护的工作原理,从而有可能引起保护误动时,操作之前应提前停用这些保护。

(13)倒闸操作前应充分考虑系统中性点的运行方式,不得使 110 kV 及以上系统失去接地点。

(14)原则上不允许在无防误闭锁装置或防误闭锁装置解除状态下进行倒闸操作,特殊情况下解锁操作必须经值长批准,操作前应检查防误闭锁装置电源在投入位置。

(15)电网并列操作必须满足以下三个条件:

①相序、相位一致。

②频率相同,偏差不得大于0.2 Hz。

③电压相等。

(16)倒闸操作过程中特别强调的注意事项如下:

①拉合刀闸时,开关必须断开(倒母线除外,但母联开关必须处于合闸状态并取下其控制保险),合闸电源为电磁机构的开关还应将合闸的动力保险取下。

②设备送电前必须将有关保护加用,没有保护或不能电动跳闸的开关不准送电。

③开关不允许带电压手动合闸,但在特殊情况下,对于弹簧操作机构的开关,当其能量储备好时允许带电压手动合闸。

④运行中的小车开关不允许打到机械闭锁手动分闸。

⑤在操作过程中,发现误合刀闸时,不得将误合的刀闸再拉开,只有弄清情况并采取了可靠的安全措施后,才允许将误合的刀闸拉开。

⑥在操作过程中,发现误拉刀闸时,不得将误拉的刀闸重新合上。只有用手动蜗姆轮传动的刀闸,在动触头未离开静触头刀刃之前,才允许将误拉的刀闸立即合上,不再操作。

⑦对于有位置指示器的刀闸,在相应开关合闸前要检查切换继电器励磁。

项目3 事故处理规程

任务1 电气设备的工作状态

1.3.1.1 电气设备的正常运行状态

电气设备在规定的外部环境下(额定电压、额定气温、额定海拔高度、额定冷却条件规定的介质状况等),保证连续(或在规定的时间内)正常地达到额定工作能力的状态,称为额定工作状态,即电气设备的正常运行状态。

对于每个电气设备及设备间的连接部分,如导线、铝排、电缆等来说,都有一个规定的、长期的正常工作状态。

1.3.1.2 电气设备的异常状态

电气设备的异常状态就是不正常的工作状态,是相对于设备的正常工作状态而言的。设备的异常状态是指设备在规定的外部条件下,部分或全部失去额定的工作能力状态,例如:

(1)设备出力达不到铭牌要求,变压器不能带额定负荷,断路器不能通过额定电流或不能切断规定的事故电流,母线不能通过额定电流等。

(2)设备不能达到规定的运行时间,变压器带额定负荷不能连续运行,电流互感器长时间运行本身发热超过允许值,隔离开关通过额定电流时过热等。

(3)设备不能承受额定电压,瓷件受损的电气设备在额定电压下形成击穿,变压器绕组绝缘破坏后在额定电压下发生匝间短路、层间短路等。

(4)中性点不接地系统中发生单相接地,中性点电位和非接地相相电压上升。

1.3.1.3 电气设备的事故状态

电气设备运行中的异常状态就是事故状态的前奏,如果处理不当或延误处理时间就可能转化为事故状态。事故本身也是一种异常状态。通常,异常状态中比较严重的或已经造成设备部分损坏、引起系统运行异常、终止了对用户供电的状态,称为事故状态。

1. 电力系统事故的基本概念

电力系统事故是指电力系统设备故障或人员工作失误,影响电能供应数量或质量并超过规定范围的事件。引起电力系统事故的原因是多方面的,如自然灾害、外力破坏、设备缺陷、检修质量不过关、运行方式不合理、继电保护误动拒动、管理维护不当和人员工作失误等。

按照事故范围,可将事故分为局部性事故和系统性事故两大类。局部性事故是由于电力系统内个别元件发生故障,系统频率、电压和潮流分布发生变化,使局部地区电压发生变化,产生振荡现象,部分用户用电受到影响的事件;系统性事故是系统内主干联络线跳闸或失去大电源,如主要送电线路跳闸、主要发电厂全停等,引起电力系统的频率、电压严重下降或使稳定性被破坏,造成供电电能数量或质量超过规定范围,常常使电力系统的大部分发电厂解列、大量用户停电,甚至造成系统瓦解或大面积停电的事件。

按事故原因可分设备事故和系统事故两大类。电力生产过程当中,设备事故往往由于不可抗拒的外力破坏,运行人员误操作,继电保护装置误动、拒动,设备存在缺陷,绝缘不良,所用电中断,直流电源中断,断路器故障,爆炸、短路、过电压、污闪、雷击,检修返工延期等原因而引起;系统事故包括稳定破坏,系统解列,低频率,低(高)电压,误调度,保护误动、拒动,通信失灵,远动故障等。电气设备事故可能发展成系统事故,影响整个系统的稳定性;而系统事故又能使某些电气设备损坏。

电网、设备发生异常运行、事故,或出现其他不安全现象时,如果不立即进行相关操作,就有可能酿成人身、电网、设备事故,或导致事故扩大。因此,变电站运行人员的主要任务就是保证设备正常运行,尽量减少和避免事故的发生,而一旦发生事故,应以最快的速度处理,尽可能多地保留送电范围,此时所进行的必要操作称为事故处理。对于事故,应以预防为主,加强正常运行监督,及时消除缺陷,落实各种反事故措施,加强技术培训,进行反事故演习,提高处理事故的应变水平。

2. 常见的电力系统事故

(1)主要电气设备的绝缘损坏。

(2)电气误操作。

(3)继电保护及自动装置拒动或误动。

(4)自然灾害。

(5)绝缘子或绝缘套管损坏。

(6)高压开关、闸刀机构问题引起高压开关柜及闸刀带负荷自分。

(7)系统失去稳定性,造成大面积停电。

(8)现场不能正确汇报造成事故或事故扩大。

任务2 事故处理规范

1.3.2.1 事故处理的一般规定

(1)发生事故和处理事故时,值班人员不得擅自离开岗位,应正确执行调度、值长、班长(机长)的命令,处理事故。

(2)在交接班手续未办完而发生事故时,应由交班人员处理,接班人员协助、配合。在系统未恢复稳定状态或值班负责人不同意交接班之前,不得进行交接班。只有在事故处理告一段落或值班负责人同意交接班后,方可进行交接班。

(3)处理事故时,系统调度员是系统事故处理的领导和组织者,值长是发电厂全厂事故处理的领导和组织者,电气值班长是电厂(变电所)电气事故处理的领导和组织者(机长是本机组事故处理的领导和组织者)。电气值班长(机长)均应接受值长指挥,值长和变电所值班长均应接受系统调度员指挥。

(4)处理事故时,各级值班长必须严格执行发令、复诵、汇报、录音和记录制度。发令人发出事故处理的命令后,要求受令人复诵自己的命令,受令人应该将事故处理的命令向发令人复诵一遍。如果受令人未听懂,应向发令人问清楚。命令执行后,应向发令人汇报。为便于分析事故,处理事故时应录音。事故处理后,应记录事故现象和处理情况。

(5)事故处理中若下一个命令需根据前一命令执行情况来确定,则发令人必须等待命令执行人的亲自汇报后再定。不能再经第三者传达,不准根据表计的指示信号判断命令的执行情况(可作参考)。

(6)发生事故时,各装置的动作信号不要急于复归,以便查核,便于事故的正确分析和处理。

1.3.2.2 事故处理的一般程序

(1)判断故障性质。系统事故时,值班调度员应根据计算机显像管(显示器)图像显示,光字牌报警信号,系统中有无冲击摆动现象,继电保护、自动装置动作情况及频率、电压、潮流变化情况,仪表及计算机打印记录,设备的外部特征等进行分析、判断。判定事故地点及性质,明确故障点及其严重程度,迅速正确地处理事故,并将故障现象汇报调度,汇报内容如下:

①保护及安全自动装置动作情况。

②设备外部有无明显缺陷及事故象征。

③复用载波机计数器动作情况。

④其他线路状态及潮流情况。

⑤故障录波器、故障探测装置动作情况。

然后迅速将故障设备隔离,根据调度命令恢复完好设备送电。处理事故时的每一个阶段情况,应迅速而正确地报告有关调度员和上级领导。处理事故时,应迅速、沉着、果断,严格执行发令、复诵、录音、记录和汇报制度,必须使用统一的调度术语。

(2)判明故障范围。设备故障时,值班人员应到故障现场,严格执行安全规程,对设备进行全面检查。母线故障时,应检查断路器和隔离开关。

(3)解除对人身和设备安全的威胁。若故障对人身和设备安全构成威胁,应立即设法消除,必要时可停止设备运行。

(4)保证非故障设备的运行。应特别注意将直接受到影响的设备进行隔离,必要时启动备用设备。

(5)做好现场安全措施。对于故障设备,在判明故障性质后,值班人员应做好现场安全措施,以便检修人员进行抢修。如果事故现象不全,无法判断或无把握,则应迅速检查和测试,进一步判明故障的部位、性质及范围,并对损坏的设备及时修理,必要时应通知检修人员进行处理。在检修人员未到之前应做好现场安全措施。

(6)及时汇报。值班人员必须迅速、准确地将事故处理的每一阶段情况报告给值长或班长(机长),避免事故处理发生混乱。

(7)为防止事故扩大,厂站运行值班人员应不待调度指令自行进行以下紧急操作:

①将直接对人身和设备安全有威胁的设备停电;

②将故障停运、已损坏的设备隔离;

③当厂(站)用电部分或全部停电时,恢复其电源;

④系统事故造成频率严重降低时,各发电厂增加机组出力和启用备用发电机组并入系统;

⑤电压互感器或电流互感器发生异常情况时,厂站运行值班员应迅速按现场规程规定调整保护;

⑥其他在厂站现场规程中规定可以不待调度指令自行处理者。

不待值班调度员的指令而进行的各项操作,仍应尽快报告值班调度员。

1.3.2.3 事故处理的一般原则

(1)迅速限制事故的发展,消除事故的根源,解除对人身和设备安全的威胁。

(2)注意厂用电、站用电的安全,设法保持厂用、站用电源正常。

(3)事故发生后,根据表计、保护、信号及自动装置动作情况进行综合分析、判断,提出处理方案。处理中应防止非同期并列和系统事故扩大。

(4)在不影响人身及设备安全的情况下,尽一切可能使设备继续运行。必要时,应在未直接受到事故损害和威胁的机组上增加负荷,以保证对用户的正常供电。

(5)在事故已被限制并趋于正常稳定状态时,应设法调整系统运行方式,使之合理,让系统恢复正常。

(6)尽快对已停电的用户恢复供电。

(7)做好主要操作及操作时间的记录,及时将事故处理情况报告有关领导和系统调度员。

(8)水电厂发生事故后,处理时应考虑对航运的影响。

1.3.2.4 事故处理时各岗位人员的职责

(1)发电厂发生事故时,值长(或班长)通过电话迅速向系统调度汇报事故情况,听取调度的处理意见。

(2)事故发生后及事故处理过程中,值长口头或用电话向班长(或机长)发布事故处理的命令,班长(或机长)复诵后立即执行。班长(或机长)根据值长的命令,口头向值班员发布命令,值班员受令复诵后,立即执行。执行完毕,口头或用电话向班长(或机长)汇报，班长（或机长）口头或用电话再向值长汇报。

（3）在紧急情况下，班长（或机长）来不及向值长请示时，可直接向值班员发布事故处理的命令。事故处理后，班长（或机长）口头或用电话再向值长汇报。

（4）变电所发生事故时，变电所值班班长用电话与系统调度直接联系，听取调度的处理意见。在事故发生后及处理过程中，班长口头直接向值班员发布事故处理的命令，值班员受令复诵后立即执行。执行完毕，口头向班长汇报。

模块2　电气设备巡视检查与运行监控

项目1　设备巡视的要求

任务1　设备巡视的种类及周期

设备巡视工作是运行人员日常工作中的一项重要内容，是随时掌握设备运行情况，及时发现设备异常和缺陷，预防事故的发生，确保设备连续安全运行的主要措施。变电站的设备巡视检查，一般分为正常巡视、全面巡视、夜间熄灯巡视和特殊巡视。

正常巡视内容按照《变电站现场规程》所列要求进行，有人值班变电站应每天三次，包括交接班巡视、高峰负荷巡视；无人值班变电站按各单位规定的巡视周期进行。

全面巡视是对设备进行全面的检查，应按规定时间和要求进行，通常每月一次。主要是对设备、建筑及基础进行全面的外部检查；查看消防用器具、安全用具是否齐备，试验是否过期；查看室内外场地、巡视操作小道是否整齐清洁；检查设备的薄弱环节，对缺陷有无发展作出鉴定；检查防火、防小动物、防误闭锁等有无漏洞；检查接地网及引线是否完好。

夜间熄灯巡视应每周一次，主要是检查设备有无电晕、放电，接头有无发红过热现象。

需特殊巡视检查的情况如下：

(1)恶劣天气时(大风前后、雷雨后、冰雪、冰雹、雾天、温度骤变)。

(2)事故跳闸。

(3)新安装设备投入运行。

(4)设备经过检修、改造或长期停运后重新投入系统运行。

(5)设备异常运行或运行中有可疑现象(过负荷或负荷剧增、超温、设备发热、系统冲击、跳闸、有接地故障)

(6)设备缺陷有发展时、法定节假日、上级通知有重要保电任务时。

任务2　设备巡视的方法

2.1.2.1　一般巡视方法

1. 目测检查法

用眼睛检查看得见的设备部位，通过设备外观的变化来发现异常情况。通过目测可以发现下列异常现象：

(1)引线断股、散股，接头松动；

(2)变形(膨胀、收缩、弯曲)；

(3)变色(烧焦、发红、硅胶变色、油变黑)；

(4)渗漏(漏油、漏水、漏气)；

(5)污秽、腐蚀、磨损、破裂；

(6)冒烟，接头过热；

(7)火花、闪络；

(8)有杂质异物；

(9)指示不正常(表计、油位)；

(10)装置不正常动作。

2. 耳听判断法

用耳朵或借助听音器械，判断设备运行中发出的声音是否正常。

3. 鼻嗅判断法

用鼻子辨别是否有绝缘材料过热时产生的特殊气味。

4. 触试检查法

用手触试设备的非带电部分(如变压器的外壳、电机的外壳)，检查设备的温度是否有异常升高或局部过热。

5. 仪器检测法

借助测温仪、望远镜、遥视探头对设备进行检查。

6. 比较分析法

对所检查的设备部件有疑问时，可与正常设备部件比较；对于数据型结果，可通过与其他同类设备及本身历史数据进行横向、纵向比较分析，综合判断设备是否正常。

2.1.2.2 巡视工具的使用

1. 测温仪

变电站配备的红外测温仪一般情况下结合正常巡视使用。根据运行方式的变化，在下列情况下进行重点测温：

(1)长期重负荷运行的设备。

(2)负荷有明显增加的设备。

(3)存在异常的设备。

(4)新投设备或运行方式改变后投入运行的设备。

(5)检修人员测温时发现温度偏高尚能坚持运行的设备。

(6)其他有必要的情况。

2. 智能巡检仪

配置了智能巡检仪的变电站，巡视时按照掌上电脑的提示进行检查，避免发生漏检和检查不到位的情况。

3. 遥视系统

装有遥视探头的变电站，可通过调整探头的角度和远近，检查正常情况下看不到的设备上部及高处的母线、绝缘子串有无异常。

2.1.2.3 设备巡视方法的具体运用

1. 检查油位高低

注油设备油位过高的原因，可能为注油设备过负荷、内部接头过热或故障、注油设备散热环境不良或者气温高等，对于变压器还可能是假油位。注油设备油位过低看不见，可能是由于注油设备外部漏油或内部漏油，以及气温突降等多种因素造成的。

2. 油温判断

通常采用比较法，即与以往的运行数据比较，如发现油温较高，应查明原因。一般变压器类设备装设有油温表，油温高的原因可能有：冷却器有故障；散热环境不良，散热器阀门没有打开；环境温度高；负荷大；内部有故障；外部有故障；温度计坏。

通过比较安装在变压器上的几只不同温度计读数，并充分考虑气温、负荷的因素，判断是否为变压器温升异常。变压器的很多故障都有可能伴随急剧的温升，应检查运行电压是否过高、套管各个端子和母线或电缆的连接是否紧密，有无发热迹象。

3. 声响判断

变压器在正常运行中会发出均匀的嗡嗡声，而大多数设备正常运行时处于无声状态。当发生各种异常或故障情况时，就会发出各类声响，也就是异声。对于声响判断，通常采用比较法。当有异常声响时，应查明原因。

一般发生异常声响的可能性因素有：内部有故障，负荷突变，过负荷，内部个别零件松动，铁磁谐振，外部有故障，其他因素（如设备外部附件螺栓螺母松动造成的不正常声响）。

4. 检查接头发热方法

（1）根据示温蜡片状况进行检查。

（2）根据相色漆的变色来判断接头是否发热。

（3）观察接头上有无热气流、水蒸气和冒烟现象。

（4）观察接头金属的变色。

（5）用红外测温仪测量接头温度。

5. 检查绝缘子裂纹方法

（1）雨后检查水波纹。

（2）对着日光检查，绝缘子表面污秽程度越大，其反射光线聚光点的亮度就越暗。

（3）用望远镜检查。

任务3　设备巡视的安全要求和事项

（1）设备巡视检查工作，由值班长按照规程规定安排正常巡视检查和特殊巡视检查。

（2）巡视前针对巡视内容、天气情况、设备运行状况进行危险点分析。

（3）巡视设备时应戴安全帽，并按规定着装，所使用的安全工器具应完好，应按照规定的巡视路线进行巡视，防止漏巡。

（4）在设备检查中，要做到四细：细看、细听、细嗅、细摸（指不带电设备外壳），严格按照设备运行规程中的检查项目检查，防止漏查缺陷。

（5）巡视人员状态应良好，巡视过程中精神集中，要做到五不准：不准做与巡视无关的工作，不准观望巡视范围以外的外景，不准交谈与巡视无关的内容，不准嬉笑、打闹，不准移开或越过遮栏。

(6)巡视保护室内禁止使用移动通信工具,开、关保护屏门应小心谨慎,防止过大振动。

(7)进入 GIS 设备室前应先通风 15 min,且无报警信号,确认空气中含氧量不小于18%,空气中 SF_6 浓度不大于 1 000 μL/L 后方可进入。

(8)不要在 GIS 设备防爆膜附近停留,防止压力释放器突然动作,危及人身安全。

(9)室外 SF_6 设备气体泄漏时,巡视人员站位要合适,应从上风接近检查;避免站在设备压力释放装置所对的方向。

(10)雷雨天气,需要巡视室外高压设备时,应穿绝缘靴,并不得靠近避雷器和避雷针。

(11)高压设备发生接地故障时,室内不得接近故障点 4 m 以内,室外不得接近故障点 8 m 以内。进入上述范围人员应穿绝缘靴,接触设备外壳和架构时,应戴绝缘手套。

(12)夜间巡视,应开启设备区照明,熄灯夜巡应带照明工具。

(13)用红外线测温仪测温、继电保护巡视、用绝缘杆等检查设备须由两人进行,必须执行工作票制度。

(14)巡视配电装置,进出高压室时,应随手关门,防止小动物进入室内。

(15)高压室的钥匙至少应有三把,由配电值班人员负责保管、移交。一把专供紧急时使用,一把专供值班员使用,其他可以借给单独巡视高压设备的人员和工作负责人使用,但需登记签名,当日交回。高低压室的钥匙必须严格管理,不得外借给非电业系统的人员使用。

(16)运行人员在进行巡视检查中发现设备缺陷或异常运行情况,应详细记录在运行日志和缺陷记录簿上,班内要做好缺陷分析定性。对紧急缺陷及严重异常情况,需立即向上级和有关调度汇报,加强对设备薄弱环节的监视,做好事故预想,并按值交接。

(17)巡视检查时,遇有威胁人身和设备安全的情况,应按事故处理有关规定进行处理,并同时向上级和有关调度汇报。

(18)担任副值及以上岗位的运行人员允许单独巡视高压配电装置,新进人员不可单独巡视检查,须有允许单独巡视高压配电装置的人员陪同。

(19)经本单位批准允许单独巡视高压设备的人员巡视检查各变电站,集控所运行人员巡视检查无人值班的变电站时,必须在变电站的出入登记簿上签名登记,离开时检查门窗、灯、水是否关好。

(20)巡视高压设备时,人体与带电导体的安全距离不得小于表 2-1 中的规定。

表 2-1　人体与带电导体的最小安全距离

电压等级(kV)	6 ~ 10	20 ~ 35	110	220	500
无遮栏(m)	0.7	1.00	1.50	3.00	5.00
有遮栏(m)	0.35	0.6	1.50	3.00	5.00

项目2　一次设备的正常巡视

任务1　变压器的正常巡视

2.2.1.1　变压器正常巡视检查内容

(1)变压器的油温和温度计应正常,储油柜的油位应与温度相对应;

(2)变压器各部位无渗油、漏油;

(3)套管油位应正常,套管外部无破损裂纹、无严重油污、无放电痕迹及其他异常现象;

(4)变压器声响均匀、正常;

(5)各冷却器手感温度应相近,风扇、油泵、水泵运转正常,油流继电器工作正常;

(6)水冷却器的油压应大于水压(制造厂另有规定者除外);

(7)吸湿器完好,吸附剂干燥,油封油位正常;

(8)引线接头、电缆、母线应无发热迹象;

(9)压力释放器、安全气道及防爆膜应完好无损;

(10)有载分接开关的分接位置及电源指示应正常;

(11)有载分接开关的在线滤油装置工作位置及电源指示应正常;

(12)气体继电器内应无气体;

(13)各控制箱和二次端子箱、机构箱应关严,无受潮,温控装置工作正常;

(14)各类指示、灯光、信号应正常;

(15)变压器室的门、窗、照明应完好,房屋不漏水,温度正常;

(16)变压器各部件的接地应完好;

(17)现场规程中根据变压器的结构特点补充检查的其他项目。

2.2.1.2　变压器巡视检查的要求

(1)变压器储油柜的油位应与制造厂提供的油温、油位曲线相对应,温度计指示清晰。

①如采用玻璃管油位计,储油柜上标有油位监视线,分别表示环境温度为 -20 ℃、+20 ℃、+40 ℃时变压器对应的油位;如采用磁针式油位计,在不同环境温度下指针应停留的位置,由制造厂提供的曲线确定。

②变压器冷却方式不同,其上层油温或温升亦不同,不能只以上层油温不超过规定为标准,而应该根据当时的负荷情况、环境温度以及冷却装置投入的情况等,结合历史数据进行综合判断。就地与远方油温指示应基本一致。绕组温度仅作参考。

③由于在油温40 ℃左右时,油流的带电倾向性最大,因此变压器可通过控制油泵运行数量来尽量避免变压器绝缘油运行在35~45 ℃温度区域。

(2)检查变压器有无渗油、漏油,应重点检查变压器的油泵、压力释放阀、套管接线柱、各阀门、隔膜式储油柜等。

①油泵负压区渗油,容易造成变压器进水受潮和轻瓦斯有气而发信号,且此处渗漏要

在停泵状态下才会发现。

②压力释放阀渗油、漏油,应检查是否动作过。

③套管接线柱处渗油,应检查外部引线的伸缩条及其热胀冷缩性能。

(3)冷却器组数应按规定投入,分布合理,油泵运转应正常,无其他金属碰撞声,无漏油现象,运行中的冷却器的油流继电器应指示在“流动”位置,无颤动现象。

①检查油泵及风扇电动机声响是否正常,有无过热现象,风扇叶子有无抖动碰壳现象。

②检查冷却器连接管是否渗油、漏油。

③检查油泵、风扇电动机电缆是否完好。

④检查冷却器试验及切换工作,以及辅助、备用冷却器运转和信号是否正常,是否按月切换冷却器,是否每季进行一次电源切换并做好记录。

⑤运行中油流继电器指示异常时,应检查油流继电器挡板是否损坏脱落。

(4)检查吸湿器,油封应正常,呼吸应畅通,硅胶潮解变色部分不应超过总量的2/3。运行中如发现上部吸附剂发生变色,应注意检查吸湿器是否上部密封不严。如发现硅胶变色过快,应注意检查硅胶玻璃罐是否裂纹、破损,油封内是否无油或油位过低,是否安装不当造成密封不良。

(5)有载分接开关操作机构中机械指示器与控制室内分接开关位置指示一致。三相联动的应确保分接开关位置指示一致。

(6)检查变压器铁芯接地线和外壳接地线是否良好,铁芯、夹件通过小套管引出接地的变压器,应将接地引线引至适当位置,以便在运行中监测接地线中是否有环流。若运行中环流异常增长,应尽快查明原因,严重时应检查处理并采取措施。如环流超过300 mA又无法消除,可在接地回路中串入限流电阻作为临时性措施。

(7)在线监测装置应保持良好状态,并及时对数据进行分析、比较。

(8)事故储油坑的卵石层厚度应符合要求,保持储油坑的排油管道畅通,以便事故发生时能迅速排油。室内变压器应有集油池或挡油矮墙,防止火灾蔓延。

(9)灭火装置状态应正常,消防设施应完善。

变压器标准巡视卡见表2-2。

任务2　高压开关设备的正常巡视

2.2.2.1　SF_6封闭组合电器(GIS)的巡视检查项目及标准

(1)标志牌名称、编号齐全、完好,标识清晰。

(2)外观检查无变形、无锈蚀,连接无松动;传动元件的轴、销齐全,无脱落、无卡涩;箱门关闭严密;无异常声音、气味等;相色标志正确;外部接头无过热。

(3)气室压力在正常范围内,记录压力值及当时的环境温度。

(4)闭锁完好、齐全、无锈蚀。

(5)开关、刀闸、接地刀闸位置指示器与实际运行状态相符。

(6)套管完好、表面清洁,无裂纹、无损伤、无放电现象。

(7)避雷器在线监测仪指示正常,记录泄漏电流值和动作次数。

表 2-2　变压器标准巡视卡

序号	检查地点	设备名称	检查内容	检查结论	备注
1	变压器本体及各侧避雷器	本体及避雷器	本体温度计值与遥测值相符		
			借助物体听本体内部声响无异常		
			各部件及压力释放器无渗漏		
			避雷器无异常响声、动作指示正确、接地可靠		
			本体接地完好、无锈蚀		
		油枕	油位、油色正常，各连接套管无渗漏，瓦斯继电器内无气体		
			呼吸器内硅胶颜色正常，无渗漏现象		
		各侧套管	绝缘套管清洁、完好，无裂纹、无放电痕迹		
			油位正常，无渗漏现象		
		调压机构	机构箱密封完好，内部无受潮锈蚀现象且锁具完好，现场挡位与主控室挡位一致		
		中性点	绝缘支柱瓷瓶清洁、完好，无裂纹		
			刀闸分、合位置与运行方式一致		
		冷却装置及端子箱	运行指示与实际挡位保持一致		
			冷控箱门关闭严实完好，各标示清晰完整，防火、防小动物封堵完好		
			冷却装置运行良好，且无渗漏		
			端子箱门关闭严实完好，各标示清晰完整，刀闸电源保险取下，驱潮装置及防火、防小动物封堵完好		
		导、引线	无散股、抛股，且无发热现象		
		接地网	接地引下线焊接牢固、无锈蚀		
		场地	名称、标志齐全、完好		
			构架基础牢固，且无锈蚀		
			场地、操作小道整齐整洁		

(8)带电显示器指示正确，停电时巡视要对带电显示装置手动测试正常。

(9)防护罩无异样，其释放出口无障碍物，防爆膜无破裂。

(10)汇控柜指示正常，与实际位置相符，无异常信号发出；控制方式开关在“远方”位置，操动切换把手与实际运行位置相符；控制、信号电源开关位置正常；连锁位置指示正常；柜内运行设备正常，各继电器接点无抖动现象，无异味；封堵严密、良好，无积水，箱门关闭严密；加热器及驱潮电阻正常；接地线端子紧固，各接线端子无明显松脱现象；天气潮湿季节无凝露现象；呼吸孔应有纱网及防尘棉垫；保护压板实际位置满足运行工况要求。

(11)操作机构箱开启灵活，无变形，密封良好，无锈迹、无异味、无凝露；储能电源开关位置正确，弹簧机构储能指示器指示正确；液压机构油箱油位在上下限之间，各部位无渗漏，压力正常，并记录压力值；加热器正常完好，投停正确。

(12)连通阀门均开启，取气阀应关闭。

(13)记录断路器与操作机构动作次数。

(14)线路电压互感器二次开关、保险投入完好,二次接线无松脱现象。

(15)出线架构无杂物、无倾斜,安装牢固,接地良好。

(16)接地线、接地螺栓表面无锈蚀,压接牢固。

(17)设备室通风系统运转正常,氧量仪指示大于18%,SF_6 气体含量不大于1 000 μL/L。无异常声音、异常气味等。

(18)基础无下沉、倾斜。

2.2.2.2 SF_6 断路器巡视检查项目及标准

(1)标志牌名称、编号齐全、完好。

(2)套管、瓷瓶无断裂、裂纹、损伤、放电现象。

(3)分、合闸位置指示器与实际运行状态相符。

(4)软连接及各导流压接点压接良好,无过热变色、断股现象。

(5)控制、信号电源正常,无异常信号发出。

(6)检查 SF_6 气体压力表或密度表在正常范围内,并记录压力值。

(7)端子箱电源开关完好,名称标志齐全,封堵良好,箱门关闭严密。

(8)各连杆、传动机构无弯曲、变形、锈蚀,轴销齐全。

(9)接地螺栓压接良好,无锈蚀。

(10)基础无下沉、倾斜。

SF_6 断路器标准巡视卡见表2-3。

2.2.2.3 油断路器巡视检查项目及标准

(1)标志牌名称、编号齐全、完好。

(2)本体无油迹、锈蚀、放电、异声。

(3)套管、瓷瓶完好,无断裂、裂纹、损伤放电现象。

(4)引线连接部位无发热变色现象。

(5)放油阀关闭严密,无渗漏。

(6)检查油位在正常范围内,油色正常。

(7)位置指示器与实际运行状态相符。

(8)连杆、转轴、拐臂无裂纹、变形。

(9)端子箱电源开关完好,名称标志齐全,封堵良好,箱门关闭严密。

(10)接地螺栓压接良好,无锈蚀。

(11)基础无下沉、倾斜。

2.2.2.4 真空断路器巡视检查项目及标准

(1)标志牌名称、编号齐全、完好。

(2)灭弧室无放电、异声、破损、变色。

(3)绝缘子无断裂、裂纹、损伤、放电等现象。

(4)绝缘拉杆完好、无裂纹。

(5)各连杆、转轴、拐臂无变形、裂纹,轴销齐全。

(6)引线连接部位接触良好,无发热变色现象。

表 2-3　SF$_6$ 断路器标准巡视卡

序号	检查地点	设备名称	检查内容			检查结论	备注
2	SF$_6$ 断路器	开关、机构、端子箱	SF$_6$ 气体压力	A	MPa		
				B			
				C			
			机构压力		MPa		
			高、低压油路无渗漏，油面正常				
			机构箱门关闭严实完好，各标示清晰完整，驱潮装置及防火、防小动物封堵完好				
			端子箱门关闭严实完好，各标示清晰完整，刀闸电源保险取下，驱潮装置及防火、防小动物封堵完好				
			绝缘套管清洁、完好，无裂纹				
			开关分、合位置指示正确				
		互感器及耦合电容器	CT 油位正常，无渗漏油现象				
			绝缘套管清洁、完好，无裂纹				
			无放电痕迹和异常声响				
			接线盒完好、完整				
		刀闸、阻波器、结合滤波器	绝缘支柱瓷瓶清洁、完好，无裂纹				
			刀闸分、合位置与运行方式一致				
			阻波器工作接地刀闸位置正确				
		避雷器	避雷器无异常响声				
			避雷器动作指示正确				
		导、引线	无散股、抛股，且无发热现象				
		接地网	接地引下线焊接牢固、无锈蚀				
		场地	名称、标志齐全、完好				
			构架基础牢固，且无锈蚀				
			场地、操作小道整齐整洁				

(7)位置指示器与实际运行状态相符。

(8)端子箱电源开关完好，名称标志齐全，封堵良好，箱门关闭严密。

(9)接地螺栓压接良好，无锈蚀。

(10)基础无下沉、倾斜。

2.2.2.5　开关柜设备巡视检查项目及标准

(1)标志牌名称、编号齐全、完好。

(2)外观检查无异声、过热、变形等异常。

(3)表计指示正常。

(4)操作方式切换开关正常，在“远控”位置。

(5)操作把手及闭锁位置正确、无异常。

(6)高压带电显示装置指示正确。

(7)位置指示器指示正确。

(8)电源小开关位置正确。

2.2.2.6　**液压操动机构巡视检查项目及标准**

(1)机构箱开启灵活无变形、密封良好,无锈迹、无异味、无凝露等。

(2)计数器动作正确并记录动作次数。

(3)储能电源开关位置正确。

(4)机构压力正常,油箱油位在上下限之间,油箱、油泵、油管及接头无渗漏油。

(5)行程开关无卡涩、变形,活塞杆、工作缸无渗漏。

(6)加热器、除潮器正常完好,投、停正确。

2.2.2.7　**弹簧机构巡视检查项目及标准**

(1)机构箱开启灵活无变形、密封良好,无锈迹、无异味、无凝露。

(2)储能电源开关位置正确,储能电机运转正常,储能指示器指示正确。

(3)行程开关无卡涩、变形。

(4)分、合闸线圈无冒烟、异味、变色。

(5)弹簧完好、正常。

(6)二次接线压接良好,无过热变色、断股现象。

2.2.2.8　**电磁操动机构巡视检查项目及标准**

(1)机构箱开启灵活无变形、密封良好,无锈迹、无异味、无凝露等。

(2)合闸电源开关位置正确,合闸保险完好,规格符合标准。

(3)分、合闸线圈无冒烟、异味、变色,合闸接触器无异味、变色。

(4)直流电源回路端子无松动、锈蚀。

(5)二次接线压接良好,无过热变色、断股现象。

2.2.2.9　**气动机构巡视检查项目及标准**

(1)机构箱开启灵活无变形、密封良好,无锈迹、无异味。

(2)压力表指示正常,并记录实际值。

(3)储气罐无漏气,并按规定放水,接头、管路、阀门无漏气现象。

(4)空压机运转正常,计数器动作正常并记录次数。

(5)加热器、除潮器正常完好,投、停正确。

2.2.2.10　**隔离开关的巡视检查项目及标准**

(1)标志牌名称、编号齐全、完好。

(2)瓷瓶清洁,无破裂、无损伤、无放电现象;防污闪措施完好。

(3)触头接触良好,无过热、变色及移位等异常现象;动触头的偏斜不大于规定数值。接点压接良好,无过热现象,引线弛度适中。

(4)连杆无弯曲、连接无松动、无锈蚀,开口销齐全;轴销无变位脱落、无锈蚀、润滑良好;金属部件无锈蚀,无鸟巢。

(5)法兰连接无裂痕,连接螺丝无松动、锈蚀、变形。

(6)接地刀闸位置正确,弹簧无断股、闭锁良好,接地杆的高度不超过规定数值;接地引下线完整可靠接地。

(7)机械闭锁装置完好、齐全,无锈蚀、变形。

(8)操动机构密封良好,无受潮。

(9)应有明显的接地点,且标志色醒目。螺栓压接良好,无锈蚀。

任务3　互感器的正常巡视

2.2.3.1　互感器的巡视项目及要求

(1)设备外观完整无损。

(2)引线无松股、断股和弛度过紧、过松现象,接头接触良好,无松动、发热或变色现象。

(3)外绝缘表面清洁,无裂纹及放电现象。

(4)金属部位无锈蚀,底座、支架牢固,无倾斜变形。

(5)架构、遮栏、器身外涂漆层清洁,无爆皮掉漆。

(6)无异常震动、异常声音及异味。

(7)瓷套、底座、阀门和法兰等部位应无渗漏油现象。

(8)电压互感器端子箱熔断器和二次空气开关正常。

(9)电流互感器端子箱引线端子无松动、过热、打火现象。

(10)油色、油位正常。

(11)防爆膜无破裂。

(12)吸湿器硅胶无受潮变色。

(13)金属膨胀器膨胀位置指示正常,无渗漏。

(14)各部位接地可靠。

(15)注意电容式电压互感器二次电压(包括开口三角形电压)无异常波动。

(16)安装有在线监测的设备,应有维护人员每周对在线监测数据查看一次,以便及时掌握电压互感器的运行状况。

(17)SF_6气体绝缘电流互感器除与油浸式互感器相关项目相同外,尚应注意检查项目如下:压力表指示应在正常规定范围,无漏气现象,密度继电器正常;复合绝缘套管表面清洁、完整,无裂纹、无放电痕迹、无老化迹象,憎水性良好。

(18)树脂浇注互感器无过热、无异常振动及声响、无受潮,外露铁芯无锈蚀;外绝缘表面无积灰、粉蚀、开裂,无放电现象。

2.2.3.2　互感器常见缺陷

1. 电流互感器

(1)渗油。

(2)过热。

(3)油位过高或过低。

(4)电流回路断线、短路,误接线。

(5)无接地点。

(6)呼吸部分堵塞或开放。

(7)硅胶失效。

(8)膨胀器电晕放电。

2. 电压互感器

(1)渗油。

(2)油位过高或过低。

(3)电压回路断线、短路,误接线。

(5)无接地点。

(6)电容式电压互感器二次电压偏高或偏低。

110 kV 母线电压互感器(PT)标准巡视卡见表2-4。

表2-4 110 kV 母线电压互感器(PT)标准巡视卡

序号	检查地点	设备名称	检查内容	检查结论	备注
3	110 kV 母线 PT 及避雷器	避雷器	绝缘套管清洁、完好,无裂纹		
			避雷器无异常响声		
			避雷器动作指示正确		
		PT 及端子箱	油位正常,无渗漏油现象		
			绝缘套管清洁、完好,无裂纹		
			接线盒完好且无异常声响		
			端子箱门关闭严实完好,各标示清晰完整,刀闸电源保险取下,驱潮装置及防火、防小动物封堵完好		
		刀闸	绝缘套管清洁、完好,无裂纹、无放电痕迹		
			刀闸分、合位置与运行方式保持一致		
		导、引线	无散股、抛股,且无发热现象		
		接地网	接地引下线焊接牢固、无锈蚀		
		场地	名称、标志齐全、完好		
			构架基础牢固,且无锈蚀		
			场地、操作小道整齐整洁		

任务4 防雷设备的正常巡视

2.2.4.1 避雷器正常巡视项目及内容

(1)检查瓷套表面积污程度,应无放电现象,瓷套、法兰无裂纹、破损。

(2)避雷器内部无异常声响。

(3)与避雷器、计数器连接的导线及接地引下线无烧伤痕迹或断股现象,接地良好。

(4)避雷器放电计数器指示数应正常,并做好记录,计数器内部应无积水。

(5)对带有泄漏电流在线监测装置的避雷器,检查泄漏电流的变化情况并记录数值。

(6)避雷器引线无松股、断股和弛度过紧、过松现象,接头无松动、发热或变色现象。

(7)带串联间隙的金属氧化物避雷器或串联间隙与原来位置不发生偏移。

(8)避雷器均压环不歪斜。

(9)低式布置的避雷器,遮栏内应无杂草。

2.2.4.2 避雷针正常巡视项目及内容

(1)独立避雷针、构架或建筑物避雷针不歪斜、无锈蚀。

(2)连接处无脱焊、开裂或法兰螺丝松动的现象。

(3)避雷针接地良好,接地引下线无断裂及锈蚀现象。

2.2.4.3 防雷设备的常见缺陷

1. 避雷针

(1)锈蚀。

(2)基础开裂。

(3)5 m 内堆放易燃易爆物品。

(4)1 m 内有其他设备。

(5)覆盖保护面积、高度不足。

(6)所附线路、接线无护管(一般不允许避雷针上附有其他线路,如用避雷针做照明的支撑,必须用铁管保护)。

(7)接地电阻不合格。

2. 避雷器

(1)锈蚀。

(2)铁座开裂。

(3)电气参数(耐压、泄漏)不合格。

(4)在线监测电流超标。

(5)均压环歪斜。

(6)爆炸或压力释放。

(7)地线锈蚀。

(8)接地电阻不合格。

任务5 补偿装置的正常巡视

2.2.5.1 消弧线圈装置的正常巡视内容及标准

(1)设备外观完整无损。

(2)引线接触良好,接头无松动、发热、变色现象,电缆、母线应无发热迹象。

(3)外绝缘表面清洁,无裂纹及放电现象。

(4)接地良好,金属部位无锈蚀,底座、支架牢固,无倾斜变形。

(5)干式消弧线圈表面平整,无裂纹和受潮现象。

(6)无异常震动、异常声音及异味。

(7)储油柜、瓷瓶、套管、阀门、法兰、油箱应完好,无裂纹和漏油。

(8)阻尼电阻端子箱内所有熔断器和二次空气开关正常。

(9)阻尼电阻箱内引线端子无松动、过热、打火现象。

(10)设备的油温和温度计应正常,储油柜的油位应与温度相对应,各部位无渗油、漏油。

(11)各控制箱和二次端子箱应关严,无受潮。

(12)吸湿器完好,吸湿剂干燥。

(13)各表计指示准确,中性点电压位移在规定范围内。

(14)对调匝式消弧线圈,人为调节一挡分接头,检验有载开关动作是否正常。

2.2.5.2 高压并联电容器的正常巡视内容及标准

(1)瓷绝缘应无破损裂纹、放电痕迹,表面清洁。

(2)母线及引线无过紧、过松现象,设备连接处无松动、过热。

(3)设备外表涂漆应无变色,电容器外壳无鼓肚、膨胀变形,接缝无开裂、渗漏油现象,内部无异声,外壳温度不超过50 ℃。

(4)电容器编号正确,各接头无发热现象。

(5)熔断器、放电线圈、接地装置完好,接地引线无锈蚀、断股。

(6)电容器室干净整洁,照明通风良好,室温不超过40 ℃或低于-25 ℃。门窗关闭严密。

(7)电缆挂牌齐全完整,内容正确,字迹清楚。电缆外皮无损伤,支撑牢固,电缆和电缆头无渗油漏胶、发热放电、火花放电等现象。

(8)电容器三相电流应平衡,运行电压和电流不超过规定值。

(9)串联电抗器附近无磁性杂物存在;油漆无脱落,线圈无变形,无放电及焦味,撑条无错位,无异常振动和声响,油电抗器应无渗漏油。

2.2.5.3 静止无功补偿装置(SVC)的正常巡视内容及标准

(1)套管、绝缘子、瓷柱等瓷质表面应清洁,无损坏、裂纹、烧痕、放电现象。

(2)设备温度正常,无异声、冒烟、过热、变色等现象。

(3)导线弛度合适,无挂落杂物,无烧伤断股及接点发热现象。

(4)设备各部螺栓连接可靠、不松动,垫圈齐全。

(5)室外电缆穿线管管口密封良好,管内无积水及冰冻现象。分线箱电缆孔封闭良好,分线箱门关好。箱内保持干燥和清洁。

(6)阀体管路无冷却水渗漏,无异常声响,各电气连接点及阀元件本体温度正常,阀室内空调工作正常。

(7)水机各部件工作正常,管路无漏水。控制箱门关好,装置平台清洁,无杂物,无积水。

2.2.5.4 常见缺陷

1. 电容器组

(1)渗油。

(2)过热。

(3)熔丝熔断。

(4)外壳变形。

(5)对某次谐波有放大。

2. 电抗器

(1)过热。

(2)震动大。

(3)噪声大。

(4)接地不良(接地有环路)。

(5)表面有裂痕、闪络、龟裂、暴皮、鼓包。

(6)撑条错位。

(7)周围有杂物。

(8)与电容器不匹配(对某次谐波谐振)。

3. 消弧线圈

(1)渗油。

(2)过热。

(3)吸潮剂变色。

(4)中性点电压超过规定值。

10 kV 电容器标准巡视卡见表 2-5。

表 2-5　10 kV 电容器标准巡视卡

<table>
<tr><th>序号</th><th>检查地点</th><th>设备名称</th><th>检查内容</th><th>检查结论</th><th>备注</th></tr>
<tr><td rowspan="11">4</td><td rowspan="11">10 kV
电容器</td><td rowspan="5">电容器组</td><td>无渗漏油,箱壁无鼓肚</td><td></td><td rowspan="11"></td></tr>
<tr><td>支柱瓷瓶无裂纹,无放电闪络痕迹</td><td></td></tr>
<tr><td>熔断器、放电回路、接地装置完好,接头接触良好,无过热现象</td><td></td></tr>
<tr><td>放电线圈正常</td><td></td></tr>
<tr><td>电容器外壳及构架的接地应可靠,外部油漆无脱落</td><td></td></tr>
<tr><td rowspan="3">电抗器</td><td>电抗器接头接触良好,无发红发热</td><td></td></tr>
<tr><td>支柱瓷瓶无裂纹,无放电闪络</td><td></td></tr>
<tr><td>电抗器外壳及构架的接地应可靠,外部油漆无脱落</td><td></td></tr>
<tr><td rowspan="3">避雷器</td><td>绝缘套管清洁、完好,无裂纹</td><td></td></tr>
<tr><td>避雷器无异常响声</td><td></td></tr>
<tr><td>避雷器动作指示正确</td><td></td></tr>
</table>

任务 6　母线的巡视

2.2.6.1　软母线

(1)导线应无断股、松股、闪络烧伤、晃荡、锈蚀和弛度过紧过松现象。导线表面无麻面、毛刺、发热和变色现象,母线上无悬挂物。

(2)母线绝缘子无裂缝、破损,无放电及闪络痕迹,外观清洁,导线和金具在晴天时无可见电晕。

(3)线夹接头应紧固,无发热、变色、锈蚀、移动和变形现象。

(4)母线架构接地良好,接地引下线(排)无断裂及锈蚀现象。

(5)周围环境无杂草堆、塑料袋等受风易飘的杂物。

2.2.6.2　硬母线

(1)母线各连接处接头螺丝无松动,无发热、变色或示温蜡片熔化或相色漆变色等现象，伸缩节应完好，无断裂、过热现象。

(2)连接两段母线的穿墙套管、与母线隔离开关相连的套管应无裂纹、破损，无放电及闪络痕迹，外观清洁，穿墙套管接头无发热、变色或示温蜡片熔化现象。

(3)母线支持绝缘子无裂缝、破损，无放电及闪络痕迹，外观清洁。

(4)母线排夹头不松动，母线排无异常放电声及振动声。

(5)母线排及至回路设备的引排应平整无变形，相色漆清晰，无开裂、起层现象。

2.2.6.3 母线常见缺陷

(1)振动(风偏)大。

(2)挂有杂物(冰挂)。

(3)悬垂串卡簧、开口销锈蚀、脱落。

110 kV 母线标准巡视卡见表 2-6。

表 2-6 110 kV 母线标准巡视卡

<table>
<tr><th>序号</th><th>检查地点</th><th>设备名称</th><th>检查内容</th><th>检查结论</th><th>备注</th></tr>
<tr><td rowspan="21">5</td><td rowspan="21">110 kV
母线</td><td rowspan="5">110 kV
Ⅰ母线</td><td>名称、标示齐全、完好</td><td></td><td rowspan="21"></td></tr>
<tr><td>支柱瓷套管清洁，无放电痕迹</td><td></td></tr>
<tr><td>母线无散股、抛股、断股现象</td><td></td></tr>
<tr><td>母线无发热迹象</td><td></td></tr>
<tr><td>本体接地完好，无锈蚀</td><td></td></tr>
<tr><td rowspan="5">110 kV
Ⅱ母线</td><td>名称、标示齐全、完好</td><td></td></tr>
<tr><td>支柱瓷套管清洁，无放电痕迹</td><td></td></tr>
<tr><td>母线无散股、抛股、断股现象</td><td></td></tr>
<tr><td>母线无发热迹象</td><td></td></tr>
<tr><td>本体接地完好，无锈蚀</td><td></td></tr>
<tr><td rowspan="5">110 kV
旁母</td><td>名称、标示齐全、完好</td><td></td></tr>
<tr><td>支柱瓷套管清洁，无放电痕迹</td><td></td></tr>
<tr><td>母线无散股、抛股、断股现象</td><td></td></tr>
<tr><td>母线无发热迹象</td><td></td></tr>
<tr><td>本体接地完好，无锈蚀</td><td></td></tr>
<tr><td>避雷针</td><td>基础构架牢固，且无锈蚀</td><td></td></tr>
<tr><td>接地网</td><td>接地引下线焊接牢固，无锈蚀</td><td></td></tr>
<tr><td rowspan="4">场地</td><td>名称、标志齐全、完好</td><td></td></tr>
<tr><td>构架基础牢固，且无锈蚀</td><td></td></tr>
<tr><td>开关场地各警示标牌完好无损</td><td></td></tr>
<tr><td>场地、操作小道整齐整洁</td><td></td></tr>
</table>

任务 7 高频通道设备的巡视

2.2.7.1 阻波器的正常巡视

(1)导线无断股，接头无过热，螺丝无松动。

(2)安装牢固，无较大摆动。

(3)阻波器无变形,内部无鸟巢和其他外物。

(4)阻波器上部与导线间的绝缘子清洁,销子、螺丝紧固。

(5)支柱式阻波器支持绝缘子无裂缝、破损,无放电及闪络痕迹,外观清洁,安装牢固,底架接地良好。

2.2.7.2 **耦合电容器的正常巡视**

(1)引线牢固,无断股、松股现象,接地良好,接地开关位置正确(正常应在拉开位置),支持瓷瓶清洁,无裂纹。

(2)接头无松动、发热或变色现象。

(3)套管无裂缝、破损,无放电及闪络痕迹,外观清洁。

(4)耦合电容器运行无异声,不允许有渗油现象(耦合电容器渗油为紧急缺陷)。

2.2.7.3 **高频通道设备常见缺陷**

(1)耦合电容器:渗油,电压抽取装置、结合滤波器等辅件损坏,接线不规范,引线螺丝退扣。

(2)阻波器:挂点强度低,挂点螺丝退扣,风偏大,内部避雷器损坏,表面有龟裂、暴皮。

2.2.7.4 **电力电缆的正常巡视**

1. 电力电缆的巡视项目

(1)对敷设在地下的电力电缆,查看路面应正常,无挖掘痕迹,路线标志完整,线路上不应堆置瓦砾、建筑材料、酸碱性物质等杂物。

(2)对电缆中间头进行外观检查,表面不应有破损情况,运行温度不得超过规定的允许值。

(3)检查电缆及终端盒应无渗漏油,绝缘胶无软化溢出。

(4)外露电缆的外皮完整,支撑牢固,外皮接地良好。

(5)绝缘子清洁完整,无裂纹及闪络痕迹,引线接头完好,无发热现象。

2. 电力电缆的常见缺陷

(1)渗油。

(2)接头过热。

(3)走径上堆放杂物。

(4)接地不良。

(5)缆头爆裂。

(6)无护管。

(7)标志、警告不全。

项目3 二次设备的巡视及运行维护

任务1 二次设备的巡视检查项目

(1)继电保护及二次回路各元件应接线紧固,无过热、异味、冒烟现象,标识清晰准确,继电器外壳无破损,接点无抖动,内部无异常声响。

(2)交直流切换装置工作正常。

(3)继电保护及自动装置的运行状态、运行监视(包括液晶显示及各种信号灯指示)正确,无异常信号。

(4)继电保护及自动装置屏上各小开关、切换把手的位置正确。

(5)继电保护及自动装置的压板投退情况符合要求,压接牢固,长期不用的压板应取下。

(6)高频通道测试数据应正常。

(7)检查记录有关继电保护及自动装置计数器的动作情况。

(8)屏内TV、TA回路无异常。

(9)微机保护装置的打印机运行正常,不缺纸,无打印记录。

(10)微机保护装置的定值区位和时钟正常。

(11)电度表指示正常,与潮流一致。

(12)试验中央信号正常,无光字、告警信息。

(13)控制屏各仪表指示正常,无过负荷现象,母线电压三相平衡、正常,系统频率在规定的范围内。

(14)控制屏各位置信号正常。

任务2 继电保护及自动装置的运行维护

(1)应定期对微机保护装置进行采样值检查、可查询的开关量状态检查和时钟校对,检查周期一般不超过一个月,并应做好记录。

(2)每年在迎峰度之前打印一次全站各微机型保护装置定值,与存档的正式定值单核对,并在打印定值单上记录核对日期、核对人,保存该定值直到下次核对。

(3)应每月检查打印纸是否充足、字迹是否清晰,及时加装打印纸和更换打印机色带。

(4)加强对保护室空调、通风等装置的管理,保护室内相对湿度不超过75%,环境温度应在5~30 ℃范围内。

(5)应按规定进行专用载波通道的测试工作。

①有人值守站按规定时间(该时间由本单位排定,线路两端一般应错开4 h以上)进行一次通道测试,并填写记录,记录数据应包括天气、收发信号灯、电平指示、告警灯等内容。

②无人值守站通过监控中心每日进行远方测试。运行人员对变电站进行常规巡视检查时,应进行一次各线路专用载波通道的测试,并做好记录。

③无论是否有人值守,在下列情况下应增加一次通道测试:

ⅰ 开关转代及恢复原开关运行时,对转代线路;

ⅱ 线路停电转运行时,对本线路;

ⅲ 保护工作完毕投入运行时,对本线路。

④天气情况恶劣(大雾或线路覆冰)时,通道测试工作由24 h一次改为4 h一次,直

至天气状况恢复且通道测试正常。

(6)母联电流相位比较式母差保护应定期检测母差电流。

项目4　站用电交、直流系统巡视与维护

任务1　站用电交流系统的巡视与维护

站用电交流系统是指从站用变压器低压出线套管开始的低压接线系统,包括站用电母线及母线上连接的各回路。站用电交流系统为主变压器提供冷却、调压、消防水喷淋电源,为断路器提供储能、加热、驱潮电源,为隔离开关提供操作电源,为直流系统提供变换电源,还提供站内的照明、检修电源及生活用电,所以对变电站的安全运行起着很重要的作用。

2.4.1.1　站用变压器的巡视检查项目及要求

(1)高压进线穿墙套管及站用变压器各侧套管无裂纹及放电闪络痕迹,无破损现象,外观清洁。

(2)高压进线穿墙套管及站用变压器各侧套管接头无松动,无发热、变色现象,示温蜡片无熔化现象。

(3)高压熔丝无熔断现象,支柱绝缘子无裂纹和放电痕迹,无破损现象,外观清洁。

(4)运行声音正常,无杂音或不均匀的放电声。

(5)油枕油位正常,油色应为透明的淡黄色,油位计无破损,没有影响察看油位的油垢。

(6)本体及各个部件无渗漏油现象。

(7)外壳接地良好,无断裂、锈蚀现象。

(8)限流电阻瓷套无裂纹及放电痕迹,无破损现象,外观整洁。

(9)气体继电器中无气体,无漏油现象。

(10)呼吸器的硅胶变色不超过2/3,硅胶罐无破损,油位正常。

(11)散热片无碰瘪现象。

(12)调压装置电源指示正常,分接头指示与实际相符,运行电压在正常范围内;调压机构清洁无渗漏油,电缆完好无破损及腐蚀现象。

2.4.1.2　380 V/220 V 系统的巡视检查及运行维护

(1)切换检查母线电压正常,负荷分配正常。

(2)站用电系统的控制屏、电源箱、动力箱铭牌必须齐全正确;回路中所有小开关、小刀闸及熔断器也必须有相应的铭牌,熔断器必须标明熔丝的容量;刀闸灭弧罩齐全。

(3)低压配电屏上各低压开关、刀闸接触良好,无发热现象,低压开关位置指示正确,无异声、异味;低压保险接触良好,无熔断,容量符合负载要求;低压电缆接头良好,无发热现象;电缆孔洞封堵严密。

(4)低压母线伸缩接头无松动、断片,接头线夹无变色、氧化、发热变红等现象。

(5)两台站变压器低压侧分列运行时,严禁在低压回路环路运行。

(6)生活及检修用电必须有漏电保护器并定期进行测试。

(7)定期对站用变压器及其回路设备接点进行红外测温工作。

(8)站用电系统回路要有熔丝配置表,各类熔丝要有一定数量的备品。

(9)负荷有双电源可切换的,应定期进行切换试验。

(10)变电站内要有正确的站用电系统一次模拟图,健全站用电回路的图纸、资料、说明书、设备台账。

(11)运行人员利用站用变压器停电机会,进行站用变压器室清扫。

任务2　站用电直流系统的巡视与维护

直流系统由充电机、蓄电池组、馈线屏、监测装置等组成。

2.4.2.1　直流系统的运行维护

1. 蓄电池的运行维护

1)防酸蓄电池组

(1)正常情况下应以浮充电方式运行,浮充电压值一般应控制在(2.15~2.17)V×N(N为电池个数)。GFD系列防酸蓄电池组浮充电压值应控制在2.23 V×N。

(2)在正常运行中主要监视端电压值、单体蓄电池电压值、电解液液面高度、电解液密度、电解液温度、蓄电池室温度、浮充电流值等。

(3)长期处于浮充电运行状态的防酸蓄电池会使内阻增加,容量降低。应定期进行核对性放电,可使蓄电池极板有效物质得到活化,容量得到恢复,使用寿命得到延长。

(4)典型蓄电池密度和电压的测量,有人值班变电站每周至少一次,无人值班变电站每月至少一次;蓄电池组单体电压和电解液密度的测量,变电站每月最少一次,测量应填写记录,并记下环境温度。

(5)运行中电解液的液面高度应保持在高位线和低位线之间,当液面低于低位线时,应及时补充蒸馏水。调整电解液密度时,应在蓄电池组完全充电后进行。

2)阀控蓄电池组

(1)正常情况下应以浮充电方式运行,浮充电压值应控制在(2.23~2.28)V×N,一般宜控制在2.25 V×N(25 ℃时)。

(2)对于运行中的阀控蓄电池组,主要监视端电压值、浮充电流值、每只单体蓄电池的电压值、运行环境温度、蓄电池组及直流母线的对地电阻值和绝缘状态等。

(3)备用搁置的阀控蓄电池,每3个月进行一次补充充电。

(4)根据现场实际情况,应定期对阀控蓄电池组进行外壳清洁工作。

3)蓄电池室

(1)蓄电池室的温度宜保持在5~30 ℃,最高不应超过35 ℃,并应通风良好。

(2)蓄电池室应照明充足,并使用防爆灯;凡安装在台架上的蓄电池组,应有防震措施。

(3)应定期检查蓄电池室调温设备及门窗情况,每月应检查蓄电池室通风、照明及消防设施。

2. 充电装置的运行维护

(1)应定期对充电装置进行如下检查:交流输入电压、直流输出电压、直流输出电流等各表计显示是否正确,运行噪声有无异常,各保护信号是否正常,绝缘状态是否良好。

(2)当交流电源中断不能及时恢复,使蓄电池组放出容量超过其额定容量 20% 及以上时,在恢复交流电源供电后,应立即手动或自动启动充电装置,按照制造厂规定的正常充电方法对蓄电池组进行补充充电,或按恒流限压充电、恒压充电、浮充电方式对蓄电池组进行充电。

(3)当微机监控装置故障时,若有备用充电装置,应先投入备用充电装置,并将故障装置退出运行。无备用充电装置时,应启动手动操作,调整到需要的运行方式,并将微机监控装置退出运行,经检查修复后再投入运行。

2.4.2.2 直流系统的正常巡视检查项目

(1)蓄电池室通风、照明及消防设备完好,温度符合要求,无易燃、易爆物品。

(2)蓄电池组外观清洁,无短路、接地。

(3)各连接片连接牢靠无松动,端子无生盐,并涂有中性凡士林。

(4)蓄电池外壳无裂纹、漏液,呼吸器无堵塞,密封良好,电解液液面高度在合格范围内。

(5)蓄电池极板无龟裂、弯曲、变形、硫化和短路,极板颜色正常,无欠充电、过充电,电解液温度不超过 35 ℃。

(6)蓄电池电压、密度在合格范围内。

(7)充电装置交流输入电压、直流输出电压、电流正常,表计指示正确,保护的声、光信号正常,运行声音无异常。

(8)直流控制母线、动力母线电压值在规定范围内,浮充电流值符合规定。

(9)直流系统的绝缘状况良好。

(10)各支路的运行监视信号完好、指示正常,熔断器无熔断,自动空气开关位置正确。

2.4.2.3 直流系统的特殊巡视检查

(1)出现自动空气开关脱扣、熔断器熔断等异常现象后,应巡视保护范围内各直流回路元件有无过热、损坏和明显故障现象。

(2)直流系统出现交/直流失压、直流接地、熔断器熔断等异常现象处理后,应进行特殊巡视。

(3)新安装、检修、改造后的直流系统投运后,应进行特殊巡视。

(4)蓄电池核对性充放电期间应进行特殊巡视。

任务 3 交流不间断电源系统的巡视与维护

交流不间断电源系统是指站用电失压后能继续不间断供电的交流电源,包括各种用途的 UPS 和逆变装置。变电站未设置电力专用 UPS 之前,交流不间断电源系统指所有分散的普通 UPS 及用于照明或其他用途的逆变。

电力专用 UPS 工作方式:正常时,由站用电交流电源作输入,经装置内部整流和逆变电路输出高品质交流电；站用电消失或异常时，由变电站直流系统作输入，经装置逆变后输出交流电。

普通UPS工作方式：交流电源经过UPS内部整流，一方面给蓄电池（装置自带）充电，另一方面给逆变器供电。一旦交流断电，则自动由蓄电池向逆变器供电，输出交流从而保证对重要负载的不间断供电。

逆变工作方式：正常时，交流电经装置直接输出；交流电消失或异常时，由蓄电池向逆变器供电，输出交流。

2.4.3.1　UPS的巡视检查

(1)UPS电源交流输出电压表、交流输出电流表指示正常。

(2)开关、把手位置符合运行要求，设备无异常声响，运行状况良好。

(3)液晶面板显示电压、负载情况正常。

(4)对UPS装置的告警信号应加强监视，如有异常，及时上报有关部门。

2.4.3.2　UPS的停送电操作

UPS工作电源回路接线见图2-1。

1. 正常运行时

正常运行时，UPS转维修，由旁路供电操作方法：

(1)合上旁路直通开关。

(2)操作按键“OFF”转为自动旁路直通供电。

(3)用万用表测维修旁路开关两侧电压是否相位相同。

(4)如果相位相同即可合上维修开关。

(5)断开输出开关。

(6)断开其他开关（直流/三相交流输入、旁路主输入及旁路稳压开关、旁路直通开关）。

此时，只有交、直流输入端子排和交流输出负载开关及其输出端子排有电压，可以在不停电状况下对UPS主体进行维修。

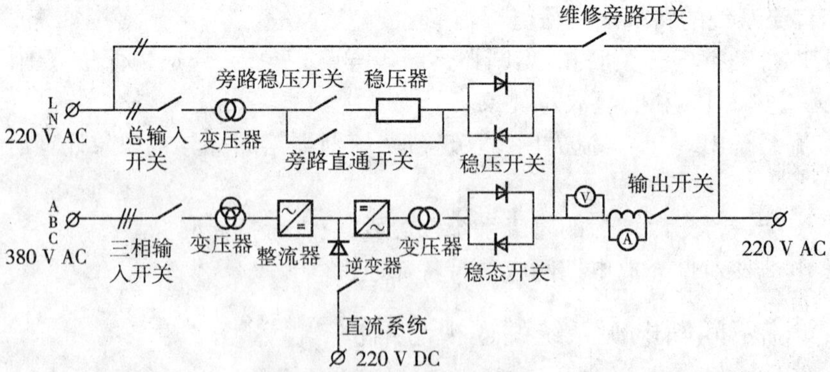

图2-1　UPS工作电源回路

2. UPS维修后

UPS维修后，由旁路开关供电方式转正常方式操作方法：

(1)合上旁路主输入开关。

(2)合上旁路直通开关,等待风扇启动(自动旁路有输出)。

(3)合上总输出开关,断开维修旁路开关(负载由自动旁路直通供电)。

(4)合上三相主输入开关,等待整流启动,前面板液晶屏亮。

(5)操作按键“ON”,启动逆变器,等待同步后自动转为逆变器供电。

(6)合上直流系统输入开关。

(7)断开旁路直通开关,合上旁路稳压开关。

项目5　设备的特殊巡视

任务1　特殊巡视的一般要求

(1)严寒季节重点检查注油设备油位是否过低,导线是否过紧,设备端子箱、机构箱加热器是否投入,绝缘子积雪、积冰情况,管道有无冻裂。

(2)高温季节重点检查注油设备油位是否过高,油温是否超过规定,引线是否过松,接头有无发热及示温蜡片的熔化情况。

(3)大风天气重点检查户外设备区有无易被风刮起的杂物,导线及避雷针的晃动情况,接头有无异常,安全设施(标示牌、围栏等)是否牢固。

(4)大雨天气重点检查门窗是否关好,户外设备端子箱、机构箱、检修电源箱是否关闭良好。

(5)冬季重点检查防火、防风、防寒、防冻、防冰、防雾闪、防小动物措施执行情况。

(6)雷击后重点检查绝缘子、套管有无闪络痕迹,检查避雷器的动作情况。

(7)大雾霜冻季节和污秽地区重点检查设备瓷质部分的污秽程度,检查设备瓷质绝缘有无放电和严重电晕等异常情况,必要时进行熄灯巡视。

(8)事故后重点检查保护动作情况,检查事故范围内设备,导线有无烧伤、断股,设备的油位、油色、压力是否正常,有无喷油,绝缘子有无闪络、断裂现象。

(9)高峰负荷期间重点检查主变压器、线路是否超过额定值,过负荷的设备有无过热现象。

(10)梅雨季节重点检查绝缘子积露情况,户外设备端子箱、机构箱、检修电源箱驱潮器是否投入,箱门是否严密,箱内有无凝露。

(11)新设备投入运行后,应增加巡视次数,重点检查设备有无异常声响,接头是否发热,有无渗漏油现象等。

任务2　变压器的特殊巡视

2.5.2.1　新投入或经过大修的变压器的巡视要求

(1)变压器声音正常,如发现响声特别大、不均匀或有放电声,应认为内部有故障。

(2)油位变化应正常,随温度的增加略有上升,如发现假油面,应及时查明原因。

(3)用手触摸每一组冷却器,温度应正常,以证实冷却器的有关阀门已打开。

(4)油温变化应正常,变压器带负荷后,油温应缓慢上升。

(5)应对新投运变压器进行红外测温。

2.5.2.2 异常天气时的巡视项目和要求

(1)气温骤变时,检查储油柜油位和瓷套管油位是否有明显变化,各侧连接引线是否有断股或接头处发红现象。各密封处有无渗漏油现象。

(2)大风、冰雹后,检查引线摆动情况及有无断股,设备上有无其他杂物,瓷套管有无放电痕迹及破裂现象。

(3)雷雨、浓雾、毛毛雨、下雪时,检查瓷套管有无沿表面闪络和放电,各接头在小雨中和下雪后不应有水蒸气上升或积雪立即融化现象,否则表示该接头运行温度比较高,应用红外线测温仪进一步检查其实际情况。下雪天气检查引线积雪情况,应及时处理引线积雪过多和冰柱。

(4)高温天气应检查油温、油位、油色和冷却器运行是否正常。必要时,可启动备用冷却器。温度高报警时,一般不提倡直接给变压器外壳冲水降温,因为用水冲洗主变压器外壳,温度的下降很明显,但那只是上层油温的暂时变化,实际上铁芯和绕组的温度仍然很高,会造成误判断。此时可以冲洗散热片,提高散热效率。

2.5.2.3 异常情况下的巡视项目和要求

(1)系统发生外部短路故障后或中性点不接地系统发生单相接地时,应加强对变压器的监视。

(2)运行中变压器冷却系统发生故障,切除全部冷却器时,应尽快查明原因,在许可时间内采取措施恢复冷却器正常运行,在处理过程中注意监视负载、油温。

(3)变压器顶层油温异常升高时,检查变压器的负载和冷却介质的温度,并与在同一负载和冷却介质温度下正常的温度比较;检查温度测量装置是否正常;检查变压器冷却装置和变压器室的通风情况。

(4)过载时应检查并记录负荷电流,检查油温和油位的变化,检查变压器声音是否正常,接头是否发热,冷却装置投入量是否足够,运行是否正常,防爆膜或压力释放器是否动作。在过负荷运行期间,应增加巡视次数,并监视变压器的温度。

(5)变压器发生短路故障或穿越性故障时,应检查变压器有无喷油,油色是否变黑,油温是否正常,电气连接部分有无发热、熔断,瓷质外绝缘有无破裂,接地引下线等有无烧断。

(6)母线电压超过变压器运行挡电压较长时间,应加强监测变压器的上层油温,注意还应监测变压器本体各部的温度,防止变压器局部过热。

2.5.2.4 带缺陷运行时巡视项目和要求

(1)铁芯多点接地而接地电流较大且色谱异常时,应安排检修处理。在缺陷消除前,可采取措施将电流限制在 100 mA 以下,并加强监视。

(2)对存在其他缺陷的变压器应缩短巡视时间,若发现有明显变化,则按照缺陷升级后的规定进行处理。

(3)变压器有部分冷却装置故障时,应加强温度监视。

(4)近期缺陷有发展时,应增加巡视次数或派专人巡视。

任务3　高压开关设备的特殊巡视

(1)设备新投运及大修后,巡视周期相应缩短,72 h以后转入正常巡视。

(2)大风天气检查引线摆动情况及有无搭挂杂物。

(3)雷雨天气检查瓷套管有无放电闪络现象。

(4)大雾天气检查瓷套管有无放电、打火现象,重点监视污秽瓷质部分。

(5)大雪天气根据积雪融化情况,检查接头发热部位,及时处理悬冰。

(6)温度骤变时检查注油设备油位变化及设备有无渗漏油等情况,按规定投入加热器。

(7)节假日时监视负荷及增加巡视次数。

(8)高峰负荷期间增加巡视次数,监视设备温度,触头、引线接头,特别是限流元件接头有无过热现象,设备有无异常声音。

(9)短路故障跳闸后检查设备的位置是否正确,各附件有无变形,触头、引线接头有无过热、松动现象,油断路器有无喷油,油色及油位是否正常,测量合闸保险丝是否良好,液压或 SF_6 压力是否正常,断路器内部有无异声。

(10)设备重合闸后检查位置是否正确,动作是否到位,有无不正常的声响或气味。

任务4　互感器的特殊巡视

(1)大负荷期间用红外测温设备检查互感器内部、引线接头发热情况。

(2)大风扬尘、雾天、雨天检查外绝缘有无闪络。

(3)冰雪、冰雹天气检查外绝缘有无损伤。

任务5　防雷设备的特殊巡视

(1)对于带缺陷运行的避雷器,视缺陷程度增加巡视次数,着重检查异常现象或缺陷的发展变化情况。

(2)阴雨天及雨后主要检查避雷器外套是否存在放电现象,对于安装有泄漏电流在线监测装置的避雷器,检查泄漏电流变化情况。

(3)大风及沙尘天气主要检查引流线与避雷器间连接是否良好,是否存在放电声音,垂直安装的避雷器是否存在严重晃动。对于悬挂式安装的避雷器,还应检查风偏情况。沙尘天气中还应检查避雷器外套是否存在放电现象,对于安装有泄漏电流在线监测装置的避雷器,检查泄漏电流变化情况。

(4)每次雷电活动后或系统发生过电压等异常情况后,应尽快进行特殊巡视,检查避雷器放电计数器的动作情况,检查瓷套与计数器外壳是否有裂纹或破损,与避雷器连接的导线及接地引下线有无烧伤痕迹,对于安装有泄漏电流在线监测装置的避雷器,检查泄漏电流变化情况。

(5)对于运行15年及以上的避雷器,应重点监视泄漏电流的变化情况,停运后应重点检查压力释放板是否有锈蚀或破损。

(6)阴雨天及雨后、大风及沙尘天气,巡视时应注意与避雷器设备保持足够的安全距离,避雷器外套或引流线与避雷器间出现严重放电时应远离避雷器进行检查。

任务6　补偿装置的特殊巡视

2.5.6.1　消弧线圈装置的特殊巡视

(1)必要时用红外测温设备检查消弧线圈、阻尼电阻、接地变压器的内部、引线接头发热情况。

(2)高温天气应检查油温、油位、油色和冷却器运行是否正常。

(3)气温骤变时,检查油枕油位和瓷套管油位是否有明显变化,各侧连接引线是否有断股或接头处发红现象。各密封处有无渗漏油现象。

(4)大风、雷雨、冰雹后,检查引线摆动情况及有无断股,设备上有无其他杂物,瓷套管有无放电痕迹及破裂现象。

(5)浓雾、小雨、下雪时,检查瓷套管有无沿表面闪络或放电,各接头在小雨中或下雪后不应有水蒸气上升或积雪立即融化现象,否则表示该接头运行温度比较高,应用红外线测温仪进一步检查其实际情况。

2.5.6.2　高压并联电容器的特殊巡视

(1)雨、雾、雪、冰雹天气时应检查瓷绝缘有无破损裂纹、放电现象,表面是否清洁;冰雪融化后有无悬挂冰柱,接头有无发热;建筑物及设备构架有无下沉倾斜、积水、屋顶漏水等现象。

(2)大风后应检查设备和导线上有无悬挂物,有无断线。

(3)雷电后应检查瓷绝缘有无破损裂纹、放电痕迹。

(4)环境温度超过或低于规定温度时,检查示温蜡片是否齐全或融化,各接头有无发热现象。

(5)断路器故障跳闸后应检查电容器有无烧伤、变形、移位等,导线有无短路;电容器温度、声响、外壳有无异常。熔断器、放电回路、电抗器、电缆、避雷器等是否完好。

(6)系统异常(如振荡、接地、低周或铁磁谐振)运行消除后,应检查电容器有无放电,温度、声响、外壳有无异常。

2.5.6.3　静止补偿装置的特殊巡视

(1)雪天检查设备端子及接头处积雪有无融化发热等现象,瓷表面有无冰瘤及放电现象。

(2)大风天应该注意导线及引线有无损坏和摆动过大情况,观察端子处是否松动,设备上有无飘挂杂物,构架有无倾斜。

(3)导线覆冰时,注意检查导线弛度及构架受力情况,及时消除导线冰瘤。

(4)雷雨及过电压后,应注意检查套管、绝缘子、避雷器等瓷件有无放电痕迹和损坏情况,检查避雷器及接地引下线有无烧伤痕迹,并作好记录。

(5)在高温、严寒、气温突变时,应检查设备油位、渗漏和导线弛度变化情况,对温度要求高的阀室、水机室、控制室加强巡视,防止由于空调设备异常导致温度超出正常范围。

模块3 倒闸操作

项目1 倒闸操作票的填写及操作流程

任务1 电气设备的状态

3.1.1.1 运行状态

设备的断路器及隔离开关均在合位，保护及自动装置按规定投入或退出，控制、保护、信号、合闸、储能等二次电源均投入，设备的远方/就地开关在远方位置。

3.1.1.2 热备用状态

设备的断路器在分位，隔离开关在合位，保护按规定投入或退出，重合闸装置退出，控制、保护、信号、合闸、储能等二次电源均投入。对于小车断路器，小车柜应在工作位置，断路器在合位，控制小开关和二次插把投入。设备的远方/就地开关在远方位置。

3.1.1.3 冷备用状态

设备的断路器及隔离开关均在分位，保护按规定投入或退出，重合闸装置退出，控制、保护、信号、合闸、储能等二次电源均投入。对于小车断路器，小车柜应在试验位置，断路器在分位，控制小开关和二次插把投入。设备的远方/就地开关在远方位置。

3.1.1.4 检修状态

设备的断路器及隔离开关均在分位，重合闸装置退出，本路保护联跳他路断路器压板应退出，他路保护、自动装置联跳本路断路器压板应退出，本路其他保护压板均按要求投入或退出，控制、保护、信号、合闸、储能等二次电源均退出，且按规定做好安全措施（接地、装设遮栏、悬挂标示牌等）。对于小车断路器，小车柜应在检修位置，断路器在分位，控制小开关分开，二次插把取下。设备的远方/就地开关在就地位置。

任务2 倒闸操作的内容及规定

3.1.2.1 倒闸操作的主要内容

倒闸操作有一次设备及二次设备的操作，主要内容如下：

(1)电力线路的停电、送电操作。

(2)变压器的停电、送电操作。

(3)电网的解列、并列操作。

(4)倒母线操作。

(5)电力系统中性点接地方式的倒换。

(6)继电保护和自动装置的启用、停用等。

3.1.2.2 倒闸操作的一般规定

(1)操作人与监护人需经考试合格并经工区领导批准公布。

(2)操作时任何监护人不能单凭记忆,而应仔细检查操作地点及设备的名称、编号后,才能进行操作。

(3)只有值班长或正值才能够接受调度命令和担任倒闸操作中的监护人;副值无权接受调度命令,只能担任倒闸操作中的操作人;实习人员一般不介入操作中的实质性工作。操作中由正值监护、副值操作。对于重要和复杂的倒闸操作,由当值的正值操作,值班长(或站长)监护。

(4)操作人不要只依赖监护人,而应对操作内容做到心中有数。否则,操作中仍可能出现问题。

(5)在进行操作期间,不要进行与操作无关的交谈或工作。

(6)处理事故时,不要惊慌失措,以免扩大事故。

(7)设备送电前,必须终结全部工作票,拆除接地线及与检修工作有关的临时安全措施,恢复固定遮栏及常用警告牌。对送电设备进行全面检查,应正常,摇测设备绝缘电阻应合格。

(8)无保护的设备不允许投入运行。

(9)装有同期合闸的断路器,必须进行同期合闸,仅在断路器一侧无电压进行充电操作时,才允许合上同期闭锁开关,解除同期闭锁回路。

(10)检修过的断路器送电时,必须进行远方跳合闸试验,运行中的小车开关不允许解除机械闭锁手动分闸。

(11)现场一次、二次设备要有明显标志,包括命名、编号、铭牌、转动方向、切换位置的指示及区别电气相别的颜色。

(12)要有与现场设备标志和运行方式相符合的一次系统模拟图及二次回路的原理图和展开图。

(13)要有合格的操作工具、安全用具和设施(包括放置接地线的专用装置)等。

(14)对下列合闸操作,可以不经调度许可自行进行:

①在发生人身触电或设备危险时,可自行拉开有关断路器,但事后必须汇报调度。

②母线电压不合格时,可进行主变压器有载开关的操作,但事后必须汇报调度。

③不属于调度管辖设备,如并联电容器、分路断路器、直流系统、站用电系统等的操作。

任务3　倒闸操作相关的专用术语

在电气运行过程中,发电厂及变电站的值班员要和当值调度员及其他人员进行联系和交流,为了准确地表达交流信息,克服语言障碍,避免误听、误操作等,必须采用统一的专用术语。

3.1.3.1 调度运行术语

1. 调度管理

调度指令:值班调度员对其管辖设备发布的操作指令。

许可操作:在改变电气设备的运行状态和运行方式前,根据有关规定,由有关人员提出操作项目的申请,值班调度员同意其操作。

2. 调度指令

调度指令名称及内容见表3-1。

表3-1 调度指令

指令名称	指令内容
发布指令	值班调度员正式给各值班人员发布的调度指令
接受指令	值班人员正式接受值班调度员发布给他的调度指令
复诵指令	值班人员在接受值班调度员发布给他的调度指令时,依照指令的步骤和内容,给值班调度员复诵一遍
回复指令	值班人员在执行完值班调度员发布给他的调度指令后,向值班调度员报告已经执行完调度指令的步骤、内容和时间
拒绝指令	值班人员发现值班调度员给他发布的调度指令是错误的,如果执行将危害人身、设备和系统的安全,可拒绝接受该项调度指令
操作指令	值班调度员对所管辖设备进行的操作,给值班人员发布的有关操作指令
逐项操作指令	值班调度员给值班人员发布的操作指令是具体的逐项操作项目,要求值班人员按照指令的操作步骤和内容逐项进行操作
分项操作指令	对一个操作任务涉及两个及以上厂、所的操作,如联络线停、送电操作,采取由调度命令一项(或几项)、有关厂、所执行一项(或几项),并立即汇报执行结果后,方能继续下达下一步操作命令的分项操作指令
综合操作指令	值班调度员给值班人员发布的操作指令,是综合的操作任务。其具体的逐项操作步骤和内容,以及安全措施,均由值班人员自行拟定

注意:调度业务联系时,数字"1、2、3、4、5、6、7、8、9、0"的读音为"幺、两、三、四、五、六、拐、八、九、洞"。

3.1.3.2 操作指令术语

(1)断路器(开关)、隔离开关(刀闸)、接地闸刀(刀闸)、令克(跌落熔断器):合上、拉开。

(2)接地线:装设(挂)、拆除。

(3)各种熔丝:放上、取下。

(4)继电保护及自动装置:启用、停用。

(5)压板:放上、取下、投入、推出,或从××位置切至××位置,短路并接地。

(6)交直流回路各种转换开关:从××位置切至××位置(二次插件:插入、拔出)。

(7)二次空气开关:合上、分开。

(8)二次回路小闸刀:合上、拉开。

(9)小车、中置开关:由××位置拉、推或摇至××位置。

1. 逐项操作指令术语

逐项操作指令术语见表3-2。

表 3-2　逐项操作指令术语

被操作设备	操作术语	被操作设备	操作术语
断路器（二次小开关、跌落保险）	合上、拉开	接地线	装设、拆除
隔离开关（二次小刀闸）	合上、拉开	继电保护及自动装置	投入、退出
保险（熔断器）	插上、取下	发电机（发变组）、联络线	并列、解列
切换小开关、双掷小刀闸	将×××从××位置切至××位置	环形网络	解环、合环

2. 综合操作指令术语

（1）变压器的综合操作指令见表 3-3。

表 3-3　变压器的综合操作指令

指令名称	指令内容
将×号变压器由运行转热备用	拉开该变压器各侧断路器
将×号变压器由运行转冷备用	拉开该变压器各侧断路器，拉开该变压器各侧隔离开关
将×号变压器由运行转检修	拉开该变压器的各侧断路器、隔离开关，在该变压器上可能来电的各侧装设接地线（或合上接地隔离开关）
将×号变压器由检修转运行	拆除该变压器上各侧地线（或拉开接地隔离开关），合上变压器各侧隔离开关和断路器

（2）有关母线的综合操作指令。

将×千伏×母线由运行转检修：对单母线接线或双母线中的一台半断路器接线，应拉开该母线上所有的断路器、隔离开关，在该母线上装设接地线（或合上接地隔离开关）；对于双母线接线，应将该母线上所有运行和备用元件倒到另一母线上，拉开母联断路器和隔离开关，在该母线上装设接地线（或合上接地隔离开关）。

将×千伏×母线由检修转运行：对单母线接线或双母线中的一台半断路器接线，应拆除该母线的地线（或拉开接地隔离开关），合上该母线上所有隔离开关（包括电压互感器隔离开关）和断路器（检修要求不能合或运行方式明确不合的隔离开关及断路器除外）；对于双母线接线，应拆除母线上的地线（或拉开接地隔离开关），合上电压互感器隔离开关和母联隔离开关，用母联断路器对该母线进行充电检查，无异常后将相关元件倒至该母线上运行。

（3）有关断路器的综合操作指令见表 3-4。

（4）有关电压互感器的综合操作指令见表 3-5。

表 3-4　有关断路器的综合操作指令

指令名称	指令内容
将×(设备或线路名称)的×断路器由运行转检修	拉开断路器及其两侧隔离开关,在断路器两侧装设接地线(或合上接地隔离开关)
将×(设备或线路名称)的×断路器由检修转运行	拆除该断路器两侧地线(或拉开接地隔离开关),合上该断路器两侧隔离开关(母线隔离开关按运行方式规定合),合上断路器
用×旁路×断路器由×母线热备用代×(设备或线路名称)的×断路器于×母线运行,×(设备或线路名称)的×断路器由运行转检修	用×旁路×断路器通过×旁路母线代×(设备或线路名称)的×断路器的运行方式,拉开被代断路器及其两侧隔离开关,并在该断路器两侧装设接地线(或合上接地隔离开关)

表 3-5　有关电压互感器的综合操作指令

指令名称	指令内容
将×千伏×母线电压互感器由运行转检修	倒出电压互感器负荷,拉开该电压互感器隔离开关,在电压互感器上装设接地线(或合上接地隔离开关)
将×千伏×母线电压互感器由检修转运行	拆除该电压互感器上地线(或拉开接地隔离开关),合上该电压互感器隔离开关,倒入电压互感器负荷

任务 4　倒闸操作的原则

电气运行人员在进行倒闸操作时必须遵循一定的原则,否则就会造成设备事故及人身伤亡事故。

倒闸操作原则的中心是:不能带负荷拉、合隔离开关,停电先停负荷侧,送电先送电源侧。

3.1.4.1　线路的停、送电操作原则

1. 单电源线路的停、送电操作

(1)拉、合隔离开关及小车断路器停、送电时,必须检查并确认断路器在断开位置(倒母线例外,母联断路器必须合上)。

(2)严禁带负荷拉、合隔离开关,所装电气和机械防误闭锁装置不能随意退出。

(3)停电时,先断开断路器后拉开负荷侧隔离开关,最后拉开电源侧隔离开关;送电时,先合上电源侧隔离开关,再合上负荷侧隔离开关,最后合上断路器。

(4)手动操作过程中,发现误拉隔离开关,不准把已拉开的隔离开关重新合上。只有用手动蜗姆轮传动的隔离开关,在动触头未离开静触头刀刃之前,允许将误拉的隔离开关重新合上,不再操作。

(5)超高压线路送电时,必须先投入并联电抗器后,再合线路断路器。

(6)线路停电前要先停用重合闸装置,送电后要再投入。

☆停电操作按照断开断路器、负荷侧隔离开关、母线侧隔离开关的顺序依次进行。送电操作顺序与停电操作顺序相反。这样的操作顺序可以起到两方面作用：一是防止带负荷拉、合隔离开关；二是即使断路器处于合闸状态，造成带负荷拉、合隔离开关的事故限制发生在线路侧隔离开关，只引起本线路短路事故，本线路保护动作将跳闸切除故障，不影响母线上其他线路运行，造成的事故范围及修复时间将大为缩小。

2. 双电源线路的停、送电操作

停电时，应先将线路两端的断路器断开，然后根据调度命令依次拉开线路侧隔离开关和母线侧隔离开关。送电操作顺序与此相反。

用断路器并列时，应经同期鉴定，严防非同期并列。

3.1.4.2 变压器的停、送电操作原则

(1)双绕组升压变压器停电时，应先拉开高压侧断路器，再拉开低压侧断路器，最好拉开两侧隔离开关。送电时的操作顺序与此相反。

(2)双绕组降压变压器送电时，应先拉开低压侧断路器，再拉开高压侧断路器，最后拉开两侧隔离开关。送电时的操作顺序与此相反。

(3)三绕组升压变压器停电时，应依次拉开高、中、低三侧断路器，再拉开三侧隔离开关。送电时的操作顺序与此相反。

(4)三绕组降压变压器停、送电的操作顺序与三绕组升压变压器相反。

(5)单电源变压器停电时，应先拉开负荷侧断路器，再拉开电源侧断路器，最后依照先负荷、后电源的原则拉开各侧隔离开关。送电操作顺序与此相反。

(6)双电源或三电源(包括两台及以上并列运行)变压器停电时，一般先拉开低压侧断路器，再拉开中压侧断路器，然后拉开高压侧断路器，最后依照先变压器侧(负荷)后母线侧(电源)，按照低、中、高的顺序拉开各侧隔离开关。送电操作顺序与此相反。

(7)投入或断开中性点直接接地空载变压器，即电压 110 kV 及以上的空载变压器时，应将变压器的中性点接地，以防变压器线圈引起操作过电压。操作完后，根据调度要求，决定中性点接地隔离开关是否保持在合闸位置。

(8)中性点直接接地两台变压器的中性点的切换应遵循先合后拉的原则，中性点经消弧线圈接地两台变压器的中性点消弧线圈的切换应遵循先拉后合的原则。

3.1.4.3 倒母线操作时的操作原则

(1)在倒母线操作时，首先应使母联两侧隔离开关及断路器均在合闸位置，然后将母联断路器的操作保险取下，使母联断路器成为死开关，以避免倒母线过程中母联断路器误跳闸，保证母线隔离开关倒闸操作满足等电位要求。

(2)在倒同一元件母线侧不同隔离开关时应遵循先合后拉原则。

(3)在母线隔离开关的合、拉过程中，如可能发生较大火花，应依次先合靠母联断路器最近的母线隔离开关；拉闸的顺序则与其相反。尽量减小操作母线隔离开关时的电位差。

(4)拉母联断路器前，母联断路器的电流表应指示为零；同时，母线隔离开关辅助触点、位置指示器应切换正常，以防“漏”倒设备，或从母线电压互感器二次侧反充电，引起事故。

(5)倒母线的过程中,母线差动保护的工作原理如不遭到破坏,一般均应投入运行。同时,应考虑母线差动保护非选择性开关的拉、合及低电压闭锁母线差动保护压板的切换。

(6)母联断路器因故不能使用,必须用母线隔离开关拉、合空载母线时,应先将该母线电压互感器二次侧断开(取下熔断器或低压断路器),防止运行母线的电压互感器熔断器熔断或低压断路器跳闸。

(7)母线停电后需做安全措施者,应验明母线无电压后,方可合上该母线的接地隔离开关或装设接地线。

(8)向检修后或处于备用状态的母线充电,充电断路器有速断保护时,应优先加用;无速断保护时,其主保护必须加用。

(9)母线倒闸操作时,先给备用母线充电,检查两组母线电压相等,确认母联断路器已合好后,取下其控制保险,然后进行母线隔离开关的切换操作。母联断路器断开前,必须确认负荷已全部转移,母联断路器电流表指示为零,再断开母联断路器。

(10)其他注意事项:

①严禁将检修中的设备或未正式投运设备的母线隔离开关合入。

②禁止用分段断路器(串有电抗器)代替母联断路器进行充电或倒母线。

③当拉开工作母线隔离开关后,若发现合入的备用母线隔离开关接触不好、放弧,应立即将拉开的开关再合入,查明原因。

④停电母线的电压互感器所带的保护(如低电压、低频、阻抗保护等),如不能提前切换到运行母线的电压互感器上供电,则事先应将这些保护停用,并断开跳闸压板。

3.1.4.4 消弧线圈的操作原则

(1)消弧线圈隔离开关的拉合均必须在确认该系统中不存在接地故障的情况下进行。

(2)消弧线圈在两台变压器中性点之间切换使用时应先拉后合,即任何时间不得在两台变压器中性点使用消弧线圈。

3.1.4.5 隔离开关允许的操作原则

回路中未装设断路器时,允许用隔离开关进行下列操作:

(1)拉开或合上无故障的避雷器或电压互感器。

(2)拉开或合上无故障的母线。

(3)拉开或合上变压器的中性点。

(4)拉开或合上无故障的中性点消弧线圈。

(5)拉开或合上励磁电流不超过 2 A 的无故障空载变压器和电容电流不超过 5 A 的无故障空载线路。

(6)拉开或合上 10 kV 及以下、电流在 70 A 以下的环路均衡电流。

(7)与断路器并联的旁路隔离开关,当断路器在合闸位置时,可拉、合该断路器的旁路电流。但在操作前,须将该断路器的操作保险取下。

3.1.4.6 单相隔离开关和跌落式熔断器的操作原则

按排列方式不同,分两种情况:

(1)水平排列:停电拉闸应先拉中相,后拉两边相。若有风时按照中相、下风侧相、上风侧相的顺序进行。送电时操作顺序与此相反。

(2)垂直排列:停电拉闸应从上到下依次拉开各相。送电合闸操作顺序与此相反。

3.1.4.7 其他操作原则

(1)在只有刀开关和熔断器的低压回路,停电时应先拉开隔离开关,后取下熔断器。送电时与此相反。

(2)保护和自动装置的投退或改变定值,应遵照调度规程和现场规程的具体规定执行。

(3)当由变压器向接有电压互感器的空载母线合闸充电时,如该系统未装设消谐器,则在可能条件下,应将变压器的中性点接地或经消弧线圈接地。如条件不许可,可直接带一路送出线向母线充电,以防止谐振过电压而产生中性点自发位移。

(4)母联兼旁路断路器带线路时,不允许用旁路隔离开关给旁路母线首先充电。正确操作方法有以下两种:一种是用断路器给旁路母线充电,充电良好后断开该断路器,合上需代路的线路旁路隔离开关,最后用断路器合闸。另一种方法是断路器充电良好后,再用需代路的线路旁路隔离开关合环(等电位法)。

任务5 倒闸操作的流程

3.1.5.1 倒闸操作所需条件

要进行倒闸操作工作,必须要有相应的设备设施,所需设备设施如下:

(1)调度电话、电话录音设备,以便与调度进行通信,接受调度命令及报告调度执行情况,并将与调度的通话进行录音(便于核对调度命令或事故时对责任人进行追查)。

(2)运行工作记录簿等相关记录簿,记录倒闸操作情况等。

(3)合格的安全工器具、安全防护用具、操作工具,以保证操作人员的安全。

(4)电脑钥匙、录音笔、操作票及夹板等。

3.1.5.2 倒闸操作流程

倒闸操作的流程如下:

接受调度预发命令→审核调令、通告全值→填写操作票→对操作票进行三级审核→明确操作目的,做好危险点分析和预控→操作准备→接受正式调度命令→模拟预演→现场操作→将电脑钥匙回传五防机,核对五防机一、二次设备状态是否符合现场实际→正确归放钥匙、安全用具和操作用具→汇报调度、作好记录→操作评价

下面对流程图详细说明。

1. 接受调度预发命令(在取消"预令"的单位,此项为"接受调度正式命令")

(1)倒闸操作必须根据值班调度或值班负责人的命令进行。

(2)发布和接受调度命令,应由上级批准的人员进行。

调度管辖设备应由具备发令权的所属当值调度发令;调度部门授权或调度规程允许由变电站自行进行操作管理的设备,由当值值班负责人发令。

接受当值值班负责人操作命令的运行人员(监护人)必须具备正值资格,凡副值以下人员无权接受操作命令。因故离岗3个月以上的运行人员,必须重新认定其值班资格。

资格认定应进行安全规程、调度规程、现场规程考试，必要时应进行技术考试。

(3)发布及接受操作任务的双方人员应主动互报单位（站名、哪一级调度）、岗位（值班长或正值班员）、姓名。发布命令时应冠以××时××分及“调令编号”，发布命令应准确、清晰，使用规定的调度术语和设备调度双重名称，同时应说明操作目的和注意事项。发布的操作任务如涉及继电保护及二次运行方式的改变，在发布操作任务的同时，要将继电保护及二次运行方式的改变向受令人交代清楚。

(4)受令人在接受命令时应随听随记，接令后，受令人应按照记录的全部内容逐字逐句向下令人进行复诵，并得到下令人的确认。

(5)在接受命令的过程中，安排专人（运行人员）进行监听。

(6)接受调度命令全过程应录音，因此应随时保持录音设备正常运行。

(7)调度下令过程的录音应重放，参与操作的值班员均应重听核对。

2. 审核调令、通告全值

(1)如果受令人不是当值值班负责人，应立即向值班负责人汇报调度命令全文内容。如调度命令有特殊要求，受令人应解释清楚，如解释不清，值班负责人必须主动联系调度，询问清楚。如认为调度命令有疑点，值班负责人必须主动联系调度，核实清楚。

(2)进行现场查勘，结合当时的运行方式核对调度命令。

(3)如果认为该命令不正确，应向调度员报告，由调度员决定原调度命令是否执行。但若执行该项命令将威胁人身、设备和电网安全，则必须拒绝执行，同时将拒绝执行的理由及改正指令内容的建议报告给发令的值班调度员，并向本单位领导汇报。

(4)确认调度命令后，值班负责人应立即召集当值人员，向全值人员通告调度命令的内容及要求，并进行倒闸操作方案的分析。

(5)值班负责人根据操作任务的要求，指定合格的监护人和操作人，并根据当时的运行方式和设备状况，全面详细地向他们布置操作任务，交代安全注意事项，并安排操作人员填写倒闸操作票。认真开展“三查”工作（查安全思想、查安全工器具、查安全措施）。

3. 填写操作票

(1)操作票由操作人填写，有操作票专家系统的变电站必须在图形开票栏里进行，禁止直接提取“典型倒闸操作票”和“预存倒闸操作票”。运行人员在填票前，应检查专家系统的一、二次设备与实际运行方式是否一致。

(2)操作人通过操作票的填写，对将要进行的整个操作应做到心中有数，在执行操作过程中，应具有判断是否正确的能力，不能依赖监护人。

(3)填票过程中出现的错票，按国家电网公司《电力安全工作规程》规定，应该作废并保存，以保证操作票编号是连续的。

4. 对操作票进行三级审核

(1)操作人填写操作票完毕后，在操作项目栏内容的最后一项下面一行空格最左方盖“以下空白”章。

(2)操作人对操作票进行自行核对正确后，交监护人再次进行审核签名，值班负责人进行最后审核签名。

(3)对审核中发现的错误，应由操作人重新填写倒闸操作票，错票应立即销毁；特别重要和复杂的操作还应由站长或上级技术人员进行审核。

5. 明确操作目的，做好危险点分析和预控

操作人和监护人对此次操作的目的、内容和过程进行相互考问，以熟悉操作的全过程，并根据操作的类型、设备现存的问题、可能会出现的危险进行预测、预控。要求尽可能地将倒闸操作中的危险点列举出来，并制定相应的防止措施。

例如，本次操作主要危险点主要有3个：

(1)本次待操作的设备是××，相邻带电间隔为××，停电范围为××，操作中一定要保持与带电设备的安全距离。

(2)操作中可能走错间隔，一定要注意核对设备名称和编号，避免出现误操作。

(3)操作时必须使用安全工器具，注意安全防护等，以保证人身安全。

6. 操作准备

(1)准备好操作过程中需要的物品、钥匙(断路器、隔离开关、间隔、高压室等)、操作用具(电脑钥匙、录音笔、操作票夹板)、安全工具。

(2)操作用具和安全工具的检查试验，应按操作用具和安全工具的标准化检查流程进行。

7. 接受正式调度命令(在取消“预令”的单位，无此项内容)

由值班负责人主动和调度联系，汇报操作任务的准备工作已做好。接受正式调度命令，监护人填写发令人、受令人、发令时间并在“监护下操作”栏对应的括号内打“√”。

接受正式调度命令的要求(录音、监听、记录等)与接受预令相同。

8. 模拟预演

在操作实际设备前，监护人和操作人必须先在五防机(或模拟图板)上进行模拟预演。模拟预演由监护人按操作票所列步骤逐项下令，由操作人复诵并模拟操作。

(1)打开录音笔，从模拟预演开始直至正式操作结束均应使用录音笔进行全过程录音。

(2)当监护人唱票时，操作人应手指五防机(或模拟图板)上的设备进行复诵，监护人审核复诵内容和手指部位正确后，下达执行命令“对，执行!”，操作人在五防机(或模拟图板)上进行模拟操作。模拟操作完成后操作人应认定设备已操作到位，向监护人汇报“已执行”，监护人与操作人再次共同核查操作无误后，方可进行下一步的操作。

(3)对于五防机(或模拟图板)上无法预演的操作步骤，如投退保护压板、检查操作后的设备位置、检查负荷分配、检验设备确无电压等也应进行唱票、复诵制。

(4)操作预演后应再次核对新运行方式与调度预令相符。

(5)监护人插入电脑钥匙进行五防传票。

9. 现场操作

(1)戴好安全帽，穿好操作服和绝缘靴，操作人携带操作用具和安全工具，监护人携带操作票、钥匙(包括电脑钥匙)、录音笔、操作票夹板。

(2)进入操作现场，监护人记录本次操作的开始时间。操作人在前，监护人在后，操作人应按操作项目有顺序地走到应操作设备的位置，等候监护人唱票。操作过程必须严肃认真，集中思想，不准闲谈或做与操作无关的事。

(3)操作人应站在操作设备的正面，不得超过 0.5 m 距离。操作中要求监护人站在操作人的左后侧或右后侧，其位置以能看清被操作设备的双重名称及操作人的动作为宜，便于纠正操作人的错误动作。

(4)核对设备。在执行每项操作前，监护人和操作人应共同核对设备的名称、编号和实际位置。

(5)唱票复诵。监护人手指设备标示牌大声进行唱票，操作人应手指设备标示牌大声进行复诵，经监护人确认，发出“对，执行！”的命令，监护人将电脑钥匙交予操作人。

(6)操作人用电脑钥匙打开防误闭锁装置进行操作。严禁监护人亲自动手操作。

(7)操作完成后，操作人应检查操作质量，确认设备已操作到位，再向监护人汇报“已执行”，并交还电脑钥匙。

(8)操作质量检查。每操作完一项，监护人和操作人应再次核对设备名称、编号和位置是否与操作任务相符；操作人与监护人在现场检查操作的正确性，如设备的机构指示，信号指示灯、表计变化等，确定设备实际分、合位置。核查无误后，监护人方可在操作票上该步骤后划执行钩“√”。

(9)每操作完一项，监护人应提示操作人下一步操作的内容。

(10)操作复查。全部操作完毕后，由监护人和操作人共同进行复查，确认设备无异常，未发现任何不正常现象和声光信号；仔细核对操作票上的项目是否已全部执行，每个步骤后是否都划了执行钩“√”。

(11)复查无误后，由监护人填写操作终了时间，在操作票上盖“已执行”章。

10. 将电脑钥匙回传五防机，核对五防机一、二次设备状态是否符合现场实际

有模拟图板的变电站应更改模拟图板接线方式。

11. 正确归放钥匙、安全用具和操作用具

(略)

12. 汇报调度、作好记录

(1)操作完毕后，监护人和操作人向值班负责人汇报操作情况。

(2)由值班负责人及时向调度汇报操作情况及操作终了时间，此过程必须进行录音监听。

(3)将汇报情况记入运行记录簿中，并作好其他相关记录。

13. 操作评价

由值班负责人(或站长)组织对本次操作情况进行评价，重点应包括操作中发现的问题及整改措施。

任务 6　倒闸操作中应重点防止的误操作事故

50%以上的电气误操作事故发生在 10 kV 及以下系统。另外，以下五种误操作，约占电气误操作事故的 80%以上，其性质恶劣，后果严重，是我们日常防止误操作的重点。它们是：误拉误合断路器，带负荷拉合隔离开关，带电挂接地线或带电合接地刀闸，带地线合闸，非同期并列。

3.1.6.1　**误拉、误合断路器或隔离开关**

不少误操作事故都直接或间接地与误拉、误合断路器或隔离开关有关。防止误操作的具体措施是：

(1)倒闸操作发令、接令或联系操作，要正确、清楚，并坚持重复命令，有条件的要录音。

(2)操作前进行“三对照”，操作中坚持“三禁止”，操作后坚持复查。整个操作要贯彻“五不干”。

三对照：①对照操作任务、运行方式，由操作人填写操作票；②对照电气模拟图审查操作票并预演；③对照设备编号无误后操作。

三禁止：①禁止操作人、监护人一启动手操作，失去监护；②禁止有疑问盲目操作；③禁止边操作、边做与其无关的工作(或聊天)，分散精力。

五不干：①操作任务不清不干；②操作时无操作票不干；③操作票不合格不干；④应有监护而无监护人不干；⑤设备编号不清不干。

(3)预定的重大操作或运行方式将发生特殊变化，电气运行专责工程师(技术员)应提前制定临时措施，对倒闸操作工作进行指导，做出全面安排，提出相应要求及注意事项、事故预想等，使值班人员操作时心中有数。

(4)通过平时技术培训(考问讲解、事故演习)，值班人员应掌握正确的操作方法，并领会规程条文的精神实质。

3.1.6.2　**带负荷拉合隔离开关**

防止带负荷拉合隔离开关。带负荷拉合隔离开关是最常见的误操作事故。自1980年防误操作闭锁装置普遍应用之后，这种事故发生率有所下降，但并未杜绝。不少单位仍时有发生，后果仍然严重。

1. 带负荷拉合隔离开关的事故原因

通过对事故的分析总结，其主要原因可归纳为以下三点：

(1)拉合回路时，回路负荷电流超过了隔离开关分合小电流的允许值。

(2)拉合环路时，环路电流及断口电压差超过了允许限度。

(3)人为误操作。如走错间隔拉错隔离开关，或断路器未拉开就拉合隔离开关等。

2. 防止带负荷拉合隔离开关的具体措施

(1)按照隔离开关允许的使用范围及条件进行操作。拉合负荷电路时，严格控制电流值，确保在全电压下开断的小电流值在允许值之内。

(2)拉合规程规定之外的环路，必须谨慎，要有相应的安全和技术措施。

(3)加强操作监护，对号检查，防止走错间隔、动错设备、错误拉合隔离开关。同时，对隔离开关普遍加装防误操作闭锁装置。

(4)拉合隔离开关前，现场检查断路器，必须在断开位置。隔离开关经操作后，操作机构的定位销一定要销好，防止因机构滑脱接通或断开负荷电路。

(5)倒母线及拉合母线隔离开关，属于等电位操作，故必须保证母联断路器合入，同时取下该断路器的控制熔断器，以防止跳闸。

(6)隔离开关检修时，与其相邻运行的隔离开关机构应锁住，以防止误拉合。

(7)手车断路器的机械闭锁必须可靠，检修后应实际操作进行验收，以防止将手车带负荷拉出或推入间隔，引起短路。

3.1.6.3 **带电挂接地线或带电合接地刀闸**

防止带电挂接地线(带电合接地刀闸)的措施如下：

(1)断路器、隔离开关拉闸后，必须检查实际位置是否拉开，以免回路电源未切断。

(2)坚持验电，及时发现带电回路，查明原因。

(3)正确判断正常带电与感应电的区别，防止误把带电当静电。

(4)隔离开关拉开后，若一侧带电，一侧不带电，应防止将有电一侧的接地刀闸合入，造成短路。当隔离开关两侧均装有接地刀闸时，一旦隔离开关拉开，接地刀闸与主刀闸之间的机械闭锁即失去作用，此时任意一侧接地刀闸都可以自由合入。若疏忽大意，必将酿成事故。

(5)普遍安装带电显示器，并闭锁接地刀闸，有电时不允许接地刀闸合入。

3.1.6.4 **带地线合闸**

防止带地线合闸事故与日常技术管理和遵章守纪密切相关，具体执行以下措施：

(1)加强地线的管理。

(2)防止在设备系统上遗留地线。

①拆、挂地线或拉合接地刀闸，要在电气模拟图上做好标记，并与现场的实际位置相符。交接班检查设备时，同时要查对现场地线的位置、数量是否正确，与电气模拟图是否一致。

②禁止任何人不经值班人员同意，在设备系统上私自拆、挂地线，挪动地线的位置，或增加地线的数量。

③设备第一次送电或检修后送电，值班人员应到现场进行检查，掌握地线的实际情况；调度人员下令送电前，事先应与发电厂、变电所、用户的值班人员核对地线，防止漏拆接地线。

(3)对于一经操作可能向检修地点送电的隔离开关，其操作机构要锁住，并悬挂“有人工作，不可合闸”的标示牌，防止误操作。

(4)正常倒母线，严禁将检修设备的母线隔离开关误合入。事故倒母线，要按照“先拉后合”的原则操作，即先将故障母线上的母线隔离开关拉开，然后将运行母线上的母线隔离开关合入，严禁将两母线的母线隔离开关同时合入并列，使运行母线再短路。

(5)设备检修后的注意事项：

①检修后的隔离开关应保持在断开位置，以免接通检修回路的地线，送电时引起人为短路。

②防止工具、仪器、梯子等物件遗留在设备上，送电后引起接地或短路。

③送电前，坚持摇测设备绝缘电阻。万一遗留地线，通过摇测绝缘可以发现。

3.1.6.5 **非同期并列**

非同期并列事故，一般发生的主要原因是：①一次系统不符合条件，误合闸；②同期用的电压互感器或同期装置电压回路接线错误，没有定相；③人员误操作，误并列。

非同期并列，不但危及发电机、变压器，还严重影响电网及供电系统，造成振荡和甩负

荷。就电气设备本身而言,非同期并列的危害甚至超过短路故障。防止非同期并列的具体措施是:

(1)设备变更时要坚持定相。发电机、变压器、电压互感器、线路新投入(大修后投入),或一次回路有改变、接线有变动,并列前均应定相。

(2)防止并列时人为发生误操作。

①值班人员应熟知全厂(所)的同期回路及同期点。

②在同一时间时不允许投入两个同期电源开关,以免在同期回路非同期并列。

③手动同期并列时,要经过同期继电器闭锁,在允许相位差合闸。严禁将同期短接开关合入,失去闭锁,在任意相位差合闸。

④工作厂用变压器、备用厂用变压器,分别接至不同频率的电源系统时,不准直接并列。此时倒换变压器要采取"拉联"的办法,即手动拉开工作厂用变压器的电源断路器,使备用厂用变压器的断路器联动合入。

⑤电网电源联络线跳闸,未经检查同期或调度下令许可,严禁强送或合环。

(3)保证同期回路接线正确、同期装置动作良好。

(4)断路器的同期回路或合闸回路有人工作时,应将一次回路的隔离开关拉开,以防断路器合入、误并列。

另外,严格执行"停电、验电、挂接地线、设置遮栏、挂牌"技术措施的步骤和要求,也是防止误操作的重要手段。同时,防止操作人员高空坠落、误入带电间隔、误登带电构架,也是倒闸操作中注意的要点。

任务7　电气设备的操作注意事项

3.1.7.1　断路器的操作注意事项

1. 断路器的操作

若用断路器控制开关拉、合断路器,以LW2系列断路器控制开关为例,合闸时应先将控制开关手柄由"分闸后"位置(绿灯亮)顺时针旋转90°至"预备合闸"位置(绿灯闪),再将控制开关手柄切至"合闸"位置(红灯亮),当断路器可靠合闸后,手松开,控制开关手柄自动复归至"合闸后"位置(红灯亮);分闸时应先将控制开关手柄由"合闸后"位置(红灯亮)逆时针旋转90°至"预备分闸"位置(红灯闪),再将控制开关手柄切至"分闸"位置(绿灯亮),当断路器可靠分闸后,手松开,控制开关手柄自动复归至"分闸后"位置(绿灯亮)。

若在监控机上进行操作,只需用鼠标按照提示指令操作即可。

2. 断路器操作注意事项

用控制开关拉合断路器,不要用力过猛,以免损坏控制开关,操作时不要返回太快,以免断路器合不上或拉不开。

设备停役操作前,对终端线路应先检查负荷是否为零。对并列运行的线路,在一条线路停役前应考虑有关整定值的调整,并注意在该线路拉开后另一线路是否过负荷。如有疑问应问清调度后再操作。断路器合闸前必须检查有关继电保护是否已按规定投入。

断路器操作后,应检查与其相关的信号,如红绿灯、光字牌的变化,测量表计(对装有三相电流表的设备,应检查三相表计)的指示,并到现场检查断路器的机械位置以判断断路器分合的正确性,至少应有两个及以上独立指示已同时发生对应变化时,才能确认该设备已操作到位。避免由于断路器假分、假合造成误操作事故。

断路器出现非全相合闸时,首先要恢复其全相运行(一般两相合上一相合不上,应再合一次,如该相仍合不上则将合上的其他两相拉开;如一相合上两相合不上,则将合上的一相拉开),然后再作其他处理。

断路器出现非全相分闸时,应立即设法将未分闸相拉开,如仍拉不开应利用母联或旁路进行倒换操作,之后通过隔离开关将故障断路器隔离。

对于储能机构的断路器,检修前必须将能量释放,以免检修时引起人员伤亡。检修后的断路器必须放在分开位置上,以免送电时造成带负荷合隔离开关的误操作事故。

断路器累计分闸或切断故障电流次数(或规定切断故障电流累计值)达到规定时,应停役检修。还要特别注意,当断路器跳闸次数只剩下一次时,应停用重合闸,以免故障重合时造成跳闸,引起断路器损坏。

3.1.7.2　**隔离开关的操作注意事项**

拉合隔离开关前必须检查有关断路器和隔离开关的实际位置,隔离开关操作后应检查实际分合位置。

手动合上隔离开关时,必须迅速果断。在隔离开关快合到底时,不能用力过猛,以免损坏支持绝缘子。当合到底时,发现有弧光或为误合时,不准再将隔离开关拉开,以免由于误操作而发生带负荷拉隔离开关,扩大事故。手动拉开隔离开关时,应遵循"慢—快—慢"原则。刚开始时,将动触头从定触头中慢慢拉出,如触头刚分离时产生较大弧光,说明是误拉隔离开关,应迅速合上并停止操作,若电弧较小(或无电弧),应迅速将动触头拉开,以利于熄弧,以免烧坏触头。值班人员在操作隔离开关前,应先判断拉开该隔离开关是否会产生弧光,如切断环流、充电电流时也会产生弧光,这是正常弧光。

当装有电磁闭锁的隔离开关闭锁失灵时,应严格遵守防误装置解锁规定,认真检查设备的实际位置,在得到相关领导同意后,方可解除闭锁进行操作。

电动操作的隔离开关如遇电动失灵,应查明原因和与该隔离开关有闭锁关系的所有断路器、隔离开关、接地隔离开关的实际位置,正确无误才可拉开隔离开关操作电源而进行手动操作。

隔离开关操作机构的定位销操作后一定要销牢,以免滑脱发生事故。

隔离开关操作后,检查操作完成情况:合闸时三相同期且接触良好,分闸时断口张开角度或闸刀拉开距离应符合要求。

3.1.7.3　**变压器的操作注意事项**

主变压器停电操作按低、中、高压侧顺序进行,送电操作按高、中、低压侧顺序进行。停电操作时,低、中、高压侧必须按照断路器、主变压器侧隔离开关、母线侧隔离开关的顺序进行操作。送电操作顺序与此相反。按此顺序停、送电,主要考虑以下原因:可防止变压器反充电,多电源的情况下,若先停电源侧,遇有变压器故障,可能造成保护拒动或误动,延长切除故障时间;避免自动低频减载装置误动,当负荷侧母线电压互感器带有自动低频减载装置且未装电流闭锁时,若先停电源侧,可能由于大型同步电动机的反馈,使自动低频减载装置误动;先合电源侧断路器从电源侧逐级送电对系统的冲击小,而且在操作过程中发生故障时也容易区别故障范围，便于处理故障。

当 110 kV、220 kV 旁路断路器代主变压器相应的总路断路器运行时，应注意差动保护电流回路的切换，切换时先退出差动保护压板，并不得使电流回路开路，即先投入独立（断路器）电流互感器短接片，然后投入本体（套管）电流互感器连接片，再退出独立电流互感器连接片，最后退出本体电流互感器短接片。切换完毕并测试差流正常及差动保护压板两端对地无异极性电压后，再投入差动保护压板。在主变压器断路器恢复正常运行时，其操作顺序与此相反。

在大电流接地系统中，为防止操作过电压，在主变压器高、中压侧停、送电时，操作前先将操作侧中性点接地。中性点隔离开关合上（中性点直接接地）操作顺序：应先投入该侧的中性点零序过流保护，再合上中性点直接接地隔离开关，最后停用间隙零序过压及零序过流保护；变压器中性点隔离开关断开（中性点经间隙接地）时的操作顺序与此相反。运行中变压器的中性点是否接地由调度确定。

变压器冷备用转运行前，应先投入保护，投入有载调压、测温电源，并将变压器通风冷却装置投“自动”启动方式。

新装或变动过内外接线以及改变过接线组别的变压器，并列运行前，一定要核相，以免造成短路。在两台主变压器并列前，应清楚并列条件，并考虑两台主变压器的调压抽头在同一挡位和备自投的投退情况。变压器的通风电源应完整，相互切换良好。

大修后的变压器应进行 3 次空载冲击合闸。对新投入运行的变压器进行全电压冲击合闸 5 次，每次冲击间隔时间不小于 5 min，操作前应派人到现场对变压器进行监视，如有异常立即停止操作。

若两台变压器共用一台高压断路器，当一台变压器运行时，将备用变压器重瓦斯保护连接片投至信号位置，防止备用变压器重瓦斯保护误动作，将运行变压器跳开；并将备用变压器跳其他保护压板退出。

3.1.7.4 变压器的调压操作

变压器调压方式分为无载调压和有载调压两种。

无载调压的操作，必须在变压器停电状态下由检修人员进行，调整分接头方法应严格按照制造厂规定的方法进行，防止将分接头调整乱。为消除触头上的氧化膜及油污，调压操作时必须在使用挡的前后挡切换两次，以保证接触良好。分接头调整好后，检查和核对三相分接头位置应一致，并应测量线圈的直流电阻。各相线圈直流电阻的相间差别不应大于三相平均值的 2%，并与历史记录比较，相对变化也不应大于 2%。测得的数值应记入现场试验记录簿和变压器专档内。无载调压变压器调整分接头，应根据调度命令进行。

有载调压变压器的调压操作可以在变压器运行状态下进行。调整分接头后不必测量直流电阻，但调整分接头时应无异声。每调整一挡，运行人员应检查相应三相电压表指示情况，电流和电压应平衡。在分接头切换过程中，有载调压的气体继电器有规律地发出信号是正常的，可将继电器中聚积的气体放掉。如分接头切换次数很少即发出信号，应查明原因。调压装置操作 5 000 次后，应进行检修。

对于有载调压变压器，运行人员可根据调度颁发的电压曲线自行调整电压。分接头的位置应有专门记录，在模拟图上应有标志，并在分接头调整后及时更正分接头的变动，应记入变压器挡位切换和值班操作记录簿。

3.1.7.5 验电器的操作注意事项

对于验电操作:一要态度认真,克服可有可无的思想,避免因走过场而流于形式;二要掌握正确的判断方法和要领。例如,某发电厂 10 kV 线路停电后验电,验电器亮,监护人判断线路上仍带电,操作人认为是静电。发生疑问后停止操作,报告调度,经检查证实是用户变电所"漏"拉了一组隔离开关,向发电厂反送电。由于及时进行了纠正,避免了带电挂地线的事故。另一变电所,用绝缘拉杆在一条 35 kV 双电源线路上验电。该线路本侧断路器及隔离开关已拉开,但线路对侧变电所的断路器尚未拉开,故线路上有电。用绝缘拉杆验电时,已经听到"吱吱"的放电声,操作人员竟错把有电当静电,继续操作合上线路侧的接地开关,引起三相短路。通过以上两例说明,验电操作是一项要求高、很重要的工作,切不可疏忽大意。

1. 对验电的要求

(1)高压验电,操作人必须戴绝缘手套、穿绝缘靴。

(2)验电时,必须使用试验合格、在有效期内、符合该系统电压等级的验电器。特别要禁止与不符合系统电压等级的验电器混用。因为在低压系统使用电压等级高的验电器,有电也可能验不出来;反之,操作人员安全得不到保证。

(3)雨天室外验电,禁止使用普通(不防水)的验电器或绝缘拉杆,以免受潮闪络或沿面放电,引起人身事故。

(4)先在有电的设备上检查验电器,应确认其良好。

(5)在停电设备的两侧(如断路器的两侧、变压器的高低压侧等)以及需要短路接地的部位,分相进行验电。

2. 验电的操作方法

(1)试验验电器,不必直接接触带电导体。通常验电器清晰发光,因此完好的验电器只要靠近带电体(6 kV、10 kV、35 kV 系统,分别约为 150 mm、250 mm、500 mm),就会发光(或有声光报警)。

(2)用绝缘拉杆验电要防止勾住或顶着导体。室外设备架构高,用绝缘拉杆验电,只能根据有无火花及放电声判断设备是否带电,不直观,难度大。白天,火花看不清,主要靠听放电声。变电所背景噪声很大,思想稍不集中,极易作出错误判断。因此,操作方法很重要。验电时如绝缘拉杆勾住或顶着导体,即使有电也不会有火花和放电声。因为实接不具备放电间隙。正确的方法是绝缘拉杆与导体保持虚接或在导体表面来回蹭,如设备有电,通过放电间隙就会产生火花和放电声。

3. 正确区分有无电压是验电的关键

可参考以下方法判断有无电:

(1)有电。因工作电压的电场强度强,验电器靠近导体一定距离,就发光(或有声光报警),显示设备有工作电压;而后,验电器离带电体愈近,亮度(或声音)就愈强。操作人细心观察、掌握这一点对判断设备是否带电非常重要。用绝缘拉杆验电,有"吱吱"放电声。

(2)静电。对地电位不高,电场强度微弱,验电时验电器不亮。与导体接触后,有时才发光;但随着导体上静电荷通过验电器→人体→大地放电,验电器亮度由强变弱,一直到最后熄灭。停电后在高压长电缆上验电时,就会遇到这种现象。

(3)感应电。与静电差不多,电位较低,一般情况验电时验电器不亮。

(4)在低压回路验电,如验电笔亮,可借助万用表来区别是哪种性质的电压。将万用表的电压挡放在不同量程上,测得的对地电压为同一数值,可能是工作电压;量程越大(内阻越高),测得的电压越高,可能是静电或感应电压。

3.1.7.6 接地线的操作注意事项

1. 装设接地线的目的

装设接地线,是《电力安全工作规程》中保证安全的重要技术措施。要求在验明设备已无电压后,立即将检修设备接地并三相短路。它的目的是:

(1)防止突然来电,避免检修人员触电。

(2)将停电设备的剩余电荷导入大地。

(3)预防感应电压触电。

2. 装设接地线的规定

装设接地线的数量、位置、地点,应满足以下规定:

(1)接地线的数量根据检修工作的内容要求及设备具体情况而定。

(2)接地线的位置。

①对于可能送电到停电检修设备的各方面均要安装接地线。如变压器检修,高低压侧均要挂地线。

②停电设备可能产生感应电压的地方,应挂地线。

③检修母线时,母线长度在10 m及以下,可装设一组接地线。

④门型架构的线路侧检修,如工作地点与所装地线的距离小于10 m,工作地点虽在接地线外侧,也可不另装接地线。

⑤在电气上不相连接的几个检修部分(如以隔离开关、断路器分成几段),各段应分别验电接地短路。

⑥接地线与检修部分之间,不得有断路器或熔断器。

(3)接地线的安装地点。

①在室内,短路端应装在装置导电部分的规定地点,接地端应装在接地网的接头上。

②在装设接地线的规定地点,母线上所涂油漆应刮掉。

③不得利用设备的传动机构当接地点使用。

3. 拆除接地线的规定

在下列情况下,可以拆除接地线:

(1)检修工作结束,工作票已办理终结,向调度汇报,设备准备送电。

(2)检修工作中,需要拆除全部或一部分接地线方能工作者(如测量设备绝缘电阻),按以下办法办理:

①拆除一相接地线;

②拆除接地端,保留三相短路线;

③拆除全部接地线(或断开接地开关)。

(3)由调度管理的接地线，其装、拆由调度下令，进行操作。用户自己设备调度范围内的接地线，自挂自拆，地线自理。

4. 装设接地线的操作方法

(1)装设接地线必须由两人进行，一人操作，一人监护。单人值班，只允许使用接地开关短路接地，或使用绝缘拉杆合接地开关。

(2)装设接地线的方法。

①检查接地线应良好：铜线无断股，连接部分螺栓紧固，绝缘手柄无破损。

②将接地线的接地端接到接地网的接头上。

③戴绝缘手套，按验电的程序验电。确定设备无电后，将接地线的三相用绝缘手柄操作使其短路，与检修设备可靠接触。

拆接地线的方法与安装地线的顺序相反。

5. 接地线使用中的注意事项

(1)接地线必须与运行带电部分保持安全距离。

(2)禁止使用不符合规定的导线作接地线或短路线。

(3)使用接地线时应注意：

①严禁缠绕或把短地线接成“长”地线使用。

②不准用分相接地线代替三相短路接地线使用。

③通过短路电流的接地线，应报废，不再使用。

3.1.7.7 旁路代路操作注意事项

旁路代路操作是指采用旁路断路器代替线路或主变压器断路器所进行的一系列操作。

通过旁路代路操作，可以实现线路或主变压器断路器停役时，线路或主变压器不停电。其操作方法为：旁路断路器代路操作前，若旁路母线在充电状态，则拉开断路器后即可进行代路操作。若旁路母线不带电，则应先将旁路保护投入(重合闸停用)，对旁路母线进行充电，检验旁路母线的完好性，然后将旁路断路器拉开进行代路操作。

旁路所代线路或主变压器原来在哪条母线运行，旁路一般也应在该条母线运行。如不对应，一般应先将旁路冷倒至对应母线，并将旁路母差电流互感器也切换至对应位置。

旁路代线路时，旁路保护定值应调整至被代线路整定值。如被代线路装有纵差保护，应将纵差电流互感器切换至旁路。对于装有双高频保护的线路，在旁路代路时一般将第二套高频保护停用，第一套高频保护切至旁路。

旁路代主变压器时，应将主变压器纵差电流互感器切换至旁路，应特别注意主变压器纵差保护在该侧所用的电流互感器是主变压器套管电流互感器还是单独电流互感器，以免差流分量不平衡引起保护误动。

以上保护调整和切换工作均应在旁路断路器拉开时进行。

3.1.7.8 同期并列操作注意事项

为了防止并列操作时发生不同期并列的恶性事故，一般都装有同期并列装置。同期并列是电力系统运行中一项非常重要的操作任务，必须由具有正值以上资格的运行人员进行。

1. 同期并列应符合的条件

(1)待并列断路器两侧相序、相位基本一致,相角差小于30°。

(2)待并列断路器两侧电压差:一般情况下,500 kV 系统:<10%;220 kV、330 kV 系统:<20%。

(3)待并列断路器两侧频率差:<0.5 Hz。

2. 同期并列装置(同期测量表计、同期开关、同期电压小母线)的组成

1)同期测量表计

同期测量表计有以下两种方式:

一种是同期小屏,包括一只同期表、两只电压表和两只频率表。两只电压表分别指示运行系统及待并系统的电压大小。两只频率表分别指示运行及待并系统的频率。同期表反映两个系统的频率差和相角差,同期表指针能按顺时针或逆时针方向不断旋转,指针顺时针方向旋转说明待并系统频率高、相角不断超前;逆时针方向旋转说明待并系统频率低、相角不断滞后。指针旋转的速度反映频差的大小。指针指在红线处说明两系统电压相位相同。

另一种是组合式同期表,包括电压差表、频率差表和同期表三部分。电压差表和频率差表反映两个系统的电压差值和频率差值,表针指示正向(向上)或反向(向下)偏转,即为待并系统高于或低于运行系统的电压和频率值。同期表指针转向顺时针为待并系统相角超前运行系统,逆时针为待并系统相角滞后运行系统。

2)同期监测继电器

同期监测继电器用来鉴定两个系统的同期条件。当同相的相角差在0~±30°范围内时触点闭合并列。可防止操作人员对整步表判断不正确,在相角差较大时误并列。

3)同期表计转换开关

同期表计转换开关有三个位置:"断开""粗略""精确"。平时断路器处在"断开"位置,同期表退出,以防止同期表和同期继电器因长时间带电而损坏;开关在"粗略"位置时,分别接入电压表和频率表,以监视电压和频率,而同期表不接入,此时比较的是电压的大小和频率,如果是发电厂则可以通过粗调使电压的大小和频率相同;将同期表计转换开关至于"精确"位置时,分别接入电压表、频率表和同期表,此时比较的是电压的大小、频率及相位,如果是发电厂则可以通过细调使相位也一致。

4)同期闭锁解除转换开关

置同期闭锁解除转换开关于投入同期闭锁位置,同期监测继电器的触点串接于合闸小母线之间,当同期并列条件不满足时,继电器动作,其动断触点断开,闭锁了断路器控制回路。置同期闭锁解除转换开关于解除闭锁位置,同期监测继电器触点被短接,从而解除断路器闭锁回路。

5)同期开关

同期开关有"投入"和"断开"两个位置,切至"投入"位置时是将同期电压引至同期小母线。由于在同一时间内只允许对一台断路器进行并列操作,每个同期点断路器均装有同期开关,并共用一个操作把手。操作把手只有在同期开关位于"断开"位置时才能抽出,以保证在同一时间内只对一台断路器进行并列操作。

6）断路器控制开关

断路器控制开关用于手动操作断路器分、合闸。

3. 变电站（发电厂）手动准同期的操作步骤

手动准同期的操作步骤见表3-6。

表3-6　手动准同期的操作步骤

序号	操作步骤
1	合同期开关于“投入”位置，将两侧电压引至同期小母线上
2	同期闭锁解除，转换开关切至同期闭锁投入位置，即投入同期监测继电器
3	将同期表计转换开关切至“粗略”位置，使电压表和频率表投入，监测电压表和频率表读数。对于发电厂，还要根据电压表和频率表的读数进行粗调（粗调励磁电流和进水量），使发电机电压和频率与系统接近相等
4	将同期表计转换开关切至“精确”位置，使同期表投入，同期表指针开始旋转。对于发电厂，要根据同期表的指针旋转方向进行细调（调节水轮机进水量），调至同期表的指针向顺时针方向缓慢旋转（3～4 r/min）
5	将断路器控制开关切至“预备合闸”位置，同时观察同期表，待指针快靠近红线时（提前5°～10°），将断路器控制开关切至“合闸”位置，实现同期操作
6	合闸成功后红灯闪光，将断路器控制开关置于“合闸后”位置，红灯停止闪光而发平光
7	退出同期表计转换开关和同期开关

3.1.7.9　直流系统的操作注意事项

直流系统的操作，是指改变硅整流装置对蓄电池组充电方式等的操作。

1. 蓄电池组的接线方式

目前，蓄电池组一般有两种接线方式，一种是采用双环换接器，另一种是不用双环换接器。

采用双环换接器的方式，是将蓄电池组分为基本电池和端电池，用两台硅整流装置充电，硅整流装置1正常工作于浮充状态，它的工作电流为直流负载，并补充工作电池的自放电电流。硅整流装置2的工作电流为补充其余电池的自放电电流。硅整流装置1正常运行时，一般处于自动稳压状态，负荷变化时输出电压基本不变。平时调节直流母线电压时，只需适当调节硅整流装置1的充电电流即可。若双环换接器电压变动后，调节硅整流装置1和硅整流装置2的充电电流，即可使工作状态正常。

不用双环换接器的接线方式，一般应用于非220 V直流系统蓄电池组的充电。

2. 硅整流装置的开停方法

1）开机操作流程

（1）接通交流电源，此时停止灯亮。

（2）将直流充电隔离开关合于充电位置。

（3）将自动－手动转换开关和稳压－稳流转换开关放到空挡位置，手动调压、自动稳

压、自动稳流电位器均逆时针旋到底。

(4)按下运行按钮,此时运行灯亮,停止灯灭,直流电压表有读数,其值应小于调压范围的下限值,直流电流表可能有少许读数。

(5)当用手动调压时,将自动－手动转换开关置于手动位置,然后顺时针方向缓缓旋动手动调压电位器,使直流电压升至要求值;当用自动稳压时,将自动－手动转换开关置于自动位置,稳压－稳流转换开关置于稳压位置,缓缓旋动自动稳压电位器,使直流电压、电流升至要求值;当用自动稳流时,将自动－手动转换开关置于自动位置,稳压－稳流转换开关置于稳流位置,缓缓旋动自动稳流电位器,使直流电压、电流升至要求值。

注意:①旋动电位器的调节应缓慢进行,以免电压、电流迅速上升至超过范围而损坏元件;②正常运行时,充进蓄电池的电流应控制在0.5 A左右。

2)停机操作流程

(1)将自动调压、自动稳压、自动稳流电位器均逆时针旋到底。

(2)将自动－手动转换开关和稳压－稳流转换开关放到空挡位置。

(3)按停止按钮,此时停止灯亮,运行灯灭。

(4)将直流充电隔离开关置于断开位置。

注意:如硅整流装置本身无检修工作,交流电源可不必断开。

3.1.7.10　母线的操作注意事项

母线电压互感器运行转冷备用前,应检查两组母线一次侧在并列位置,将母联断路器(双母线)作为死开关运行或用隔离开关硬联,母差保护改为大差运行。并将电压互感器二次并列把手切至投入位置,检查各馈路保护屏上的电源位置指示正常,电压互感器二次侧并列上后,方可进行操作。

母线冷备用转运行前,先将电压互感器投运(如果给母线充电可能引起谐振,应考虑后投入电压互感器),并投入母线的充电保护压板,然后用断路器对母线进行充电。母线充电后,在未将电源元件倒至投运母线前,应将母差保护的电压互感器并列把手切至投入位置,母线倒换操作结束后,将该切换把手切至停用位置。

用旁路断路器经旁路母线带其他断路器运行前,应先将旁路断路器的保护定值改为所带馈路的保护定值后再对旁路母线充电,或用旁路断路器小定值快速充电保护对旁路母线充电检查。

3.1.7.11　电压互感器的操作注意事项

电压互感器投入运行时,应先插上电压互感器一次侧熔断器,然后插上电压互感器二次侧熔断器(或合上二次侧快速开关),最后合上一次侧隔离开关;电压互感器退出运行时,应先拉开电压互感器一次侧隔离开关,然后取下电压互感器二次侧熔断器(或拉开二次侧快速开关),最后取下电压互感器高压熔断器。若需取下已退出运行的电压互感器高压熔断器,则应先在高压熔断器两侧装设接地线。

电压互感器退出运行时,在拉开电压互感器隔离开关前,如果二次侧可以并列,首先应使一次侧先并列,如果高压侧母线分段断路器没有投入运行,则严禁将两台电压互感器二次侧并列;如果二次侧不可以并列,应先退出相应的保护及自动装置,为防止其所带的保护及自动装置误动作。

电压互感器二次侧带有切换把手的，在将其退出运行时，必须先将电压互感器所带继电保护和自动装置的相关连接片退出，待继电保护电源切换至正常运行母线电压互感器上以后，再投入继电保护和自动装置的连接片，然后拉开电压互感器高压侧隔离开关。如果电压互感器装有自动切换装置，在停用时可以不进行任何操作。

双母线接线或双母线分段接线方式下，在停用一段母线时，不但需将电压互感器一次侧断开，而且还应将二次侧快速开关断开或将二次侧熔断器取下，防止二次侧向一次侧反充电。电压互感器二次侧快速开关上并有电容的，当电压互感器退出运行时，还应该拆掉电容器接线，以免通过并联电容器向一次侧反充电。

3.1.7.12　电容器的操作注意事项

电容器在合闸操作过程中，如果没有合好，断路器拉开后，应间隔 3 min 后，再将电容器加入运行。

电容器的投入与退出运行，必须根据系统无功分布及电压情况来决定，并按调度规程执行。

有电容器组运行的母线运行转冷备用时，应先拉电容器断路器，后拉各馈路断路器。母线冷备用转运行时，先合各馈路断路器，后合电容器断路器。

无失压保护的电容器组，在母线失压后，应立即将电容器断路器断开。

3.1.7.13　环网的并、解列操作注意事项

合环操作必须满足下述条件：首先是相位一致，初次合环或进行可能引起相位变化的检修之后，合环操作必须进行相位的测定；其次是合环之后各元件不致过载，各点电压不应超出规定值；再次是继电保护适应环网的方式。

进行解环操作时，首先满足解环后各元件不应过载，各点电压不应超过规定值，解环操作引起的事故大多是解环后设备的负荷过大，使继电保护动作造成的；其次是对某些稳定储备较低的系统，连接电厂的环网解环以后联系减弱，储备更加下降，因此应按系统稳定的要求进行操作。

3.1.7.14　其他操作注意事项

停电操作时，应先操作一次设备，后停用继电保护、自动装置；送电操作时，应先投入继电保护、自动装置，后操作一次设备。

严禁约时停电送电，严禁约时拆装安全措施。

送电操作若涉及并网操作，则操作过程中必须使用同期装置。一般情况下，应使用“自动”方式进行同期合闸，由同期装置按照自动方式自动合上断路器后，再将断路器操作控制开关状态对应、同期装置恢复手动方式。若调度命令或其他情况需采取“手动”方式同期合闸，运行人员必须在满足同期条件后，方能进行同期合闸操作。

送电操作前先插上直流操作熔断器（应按先负后正的原则），在操作设备过程中始终保证不脱离保护，一旦发生故障能立即切除故障；停电操作后应取下直流控制熔断器（应按先正后负的原则），是为了防止断路器误动而威胁检修人员和设备的安全，同时也防止工作人员在二次回路上工作，造成直流接地、短路和不慎触电等。

任务8　危险点分析及注意事项

3.1.8.1　无令操作

(1)无调度命令进行操作,产生的原因一般包括:①安全意识淡漠;②业务不精,对设备的管辖范围不清楚,越权操作。

(2)操作人未经监护人下令而进行操作。倒闸操作中并非唱票复诵后操作人就可以进行操作,"监护人下令"的概念是唱票复诵后,监护人在审核操作人复诵内容和手指部位正确后,发出的"对,执行!"命令才是执行令。

3.1.8.2　调度命令接受不清

(1)通话不互报单位、姓名。

(2)操作发令前不讲清操作意图、目的,尤其是涉及二次回路方面的内容。

(3)发令内容和汇报内容不复诵。

(4)正式令和预发操作任务含糊不清。

(5)不使用标准术语。

(6)受令人不是值班负责人,受令人向值班负责人汇报调度命令不清。

3.1.8.3　操作票填写不规范

填写操作票没有使用专用的术语,填写出现错、漏等。应加强责任心,提高自身业务水平。

3.1.8.4　操作前的检查工作不规范

(1)操作前对电力系统运行方式不清楚,没有按模拟图核对设备的运行方式。

(2)未认真审核上一班移交的未完成操作票,未认真核对调度命令和操作票。

(3)操作前不核对保护定值,不检查保护压板。

(4)检修过程配合检修人员的操作以及检修完工后的送电操作,未到现场检查。

3.1.8.5　操作过程行为不规范

(1)唱票复诵和核对设备铭牌时,未一字一句地核对。

(2)未执行逐项打钩的操作程序,造成操作漏项。

(3)操作人没有独立操作意识,监护人叫怎么做就怎么做,起不到相互监督作用。

(4)无监护操作。

(5)无操作票操作,操作后补写操作票以应付检查,使操作票流于形式。

(6)挂接地线(合接地隔离开关)前未先验电或验完电后未立即挂接地线(合接地隔离开关)。

3.1.8.6　违反"防误装置管理规定"的行为失误

(1)过分信任"五防"装置,不持操作票进行操作。

(2)自行解锁。操作中发生疑问时,应立即停止操作并向值班调度员或值班负责人报告,弄清问题后,再进行操作。由于设备原因不能操作时,应停止操作,检查原因,履行有关手续后方可解锁操作。不能处理时应报告调度和生产管理部门。

3.1.8.7　未认真完成操作后的质量检查

(1)每完成一项操作,操作人与监护人应到现场再次核对设备名称、编号和位置,检查操作的正确性后，在该步骤后打执行钩“√”。特别是对“检查”项目，绝不能敷衍了事。

(2)全部操作完毕后，应由监护人和操作人对以下项目共同进行复查、确认：

①设备无异常，光字信号复归。

②操作票上的项目已全部执行，每个步骤后都打了执行钩“√”。

③模拟图板的复位情况。

任务9　倒闸操作票的填写要求及应用实例

运行人员要完成一项操作任务一般都要进行十几项甚至是上百项的操作，为了保证倒闸操作的安全性，避免出现人身及设备事故，我们必须将倒闸操作的先后顺序详细记录下来，形成我们称之的倒闸操作票，作为操作人员的行为标准。

3.1.9.1　倒闸操作票的填写要求

(1)操作票应用钢笔或圆珠笔填写(也可用微机防误的专家系统制票)，票面整洁、字迹清楚，重要文字(如拉合、设备编号、操作时间)不能涂改；有错字，在错字上打“×”，接着书写，但一页中不得超过三处；如有一项发生错误，则在该错项上盖“此项作废”章，接着书写。以下三种错字不得涂改，应重新填票：

①设备名称、编号。

②时间及保护定值等参数。

③操作动词，如拉、合等。

(2)填写操作票时设备的名称应使用中文，母线、母线电压互感器、保护的段别应使用罗马数字，设备的编号、消弧线圈和主变压器分接头的挡位、操作票的编号、时间等应使用阿拉伯数字。

(3)在填写操作票时，应严格使用电力系统统一的调度、操作术语。

(4)表3-7所列项目应填入操作票。

表3-7　应填入操作票的项目

序号	填写内容
1	应拉合的断路器和隔离开关
2	检查断路器和隔离开关的位置
3	装拆接地线
4	检查接地线是否拆除
5	插上或取下控制回路或电压互感器回路的熔断器(熔丝、小开关)
6	切换保护回路(启用或停用继电保护、自动装置及改变保护定值区间)
7	用验电器检验停电的导电部分是否确无电压
8	检查负荷分配(如停送主变压器、线路并解列、联络线路的停送等)
9	设备检修后、合闸送电前，检查送电范围内接地隔离开关已拉开，接地线已拆除

(5)为防止误操作，表3-8所列项目在操作票中应作为单独项目填写。

表3-8　单独项目

序号	填写内容
1	在操作隔离开关前检查断路器确在“分闸”位置
2	断路器、隔离开关操作后检查其实际位置(分闸或合闸位置)
3	合上、拉开接地隔离开关后(或装设、拆除接地线后)检查其实际位置
4	在线路转热备用前检查所有安全措施确已拆除,具备带电条件
5	在冷备用转检修之前检查该设备确在冷备用状态(该设备各隔离开关均在“分闸”位置)
6	如果设备由运行转检修操作中,未退出保护,送电时检查该设备“所有保护确已正确投入”,不必分项检查(主变压器大修后主保护应分项检查)
7	合上或切换母线隔离开关时,检查二次电压切换正常
8	在投入、退出设备保护时,按类别、段别(如Ⅱ段、Ⅲ段)分项填写清楚,处于运行状态的设备的保护或自动装置切换前,应用高内阻电压表检测出口压板两端确无异常电压
9	对有遥控功能的变电站,在就地停、送电操作前,必须切换该回路的“远方”、“就地”控制切换开关
10	母线停电时,在拉开母联、分段断路器前,可用一项检查该母线上各隔离开关均在“分闸”位置
11	在合上接地隔离开关或装设接地线前,应填写“验明××与××间三相确无电压”
12	对装有电压无功综合控制装置(VQC装置)的变电站,在操作电容回路前,必须退出VQC装置上该回路出口压板;在操作主变压器前,必须退出VQC装置上主变压器挡位调节出口压板
13	在特定情况应填写抄录三相电流或电压。
14	合线路侧接地隔离开关或装设接地线前检查旁路隔离开关确在分闸位置。

对于表3-8中的第13条中,特定情况包括以下几点:

①合上母联断路器后,应抄录三相电流。

如:检查×××断路器三相电流正常(　　A、　　A、　　A)。

②合上分段断路器后,应抄录三相电流。

③在拉开母联、分段断路器前后,应抄录三相电流。

④旁路代出线或主变压器,在合上旁路断路器后,应抄录三相电流。

⑤线路或主变压器由旁路代改本线运行,在合上本线断路器后,抄录三相电流。

⑥解、合环操作时,抄录有关回路的三相电流。

⑦主变压器投运时,抄录主变压器各侧断路器三相电流。

⑧母线电压互感器送电后,抄录母线三相电压。

如:检查×××kV×××母线三相电压正常(　　kV、　　kV、　　kV)。

⑨用主变压器开关或母联(分段)开关充空母线时,应抄录该侧母线三相电压。

(6)断路器检修时应分项先取控制电源,后取信号电源、合闸电源熔断器。

(7)母线停电时,母线电压互感器作为母线上最后一个停电设备退出运行。送电时作为第一个送电设备投入运行。

3.1.9.2 倒闸操作票填写举例

以变电站(发电厂)的倒闸操作票为例,说明倒闸操作票具体填写方法,倒闸操作票格式见表3-9。

表3-9 变电站(发电厂)倒闸操作票

单位＿＿＿＿＿＿＿＿　　　　　　　　　　　　　　编号＿＿＿＿＿＿

<table>
<tr><td>发令人</td><td></td><td>受令人</td><td></td><td>发令时间</td><td>年 月 日 时 分</td></tr>
<tr><td>操作开始时间</td><td colspan="2">年 月 日 时 分</td><td>操作结束时间</td><td colspan="2">年 月 日 时 分</td></tr>
<tr><td colspan="6">(　　　)监护下操作　(　　　)单人操作　(　　　)检修人员操作</td></tr>
<tr><td colspan="6">操作任务:</td></tr>
<tr><td>顺序</td><td colspan="4">操作项目</td><td>√</td></tr>
<tr><td></td><td colspan="4"></td><td></td></tr>
<tr><td></td><td colspan="4"></td><td></td></tr>
<tr><td></td><td colspan="4"></td><td></td></tr>
<tr><td></td><td colspan="4"></td><td></td></tr>
<tr><td></td><td colspan="4"></td><td></td></tr>
<tr><td></td><td colspan="4"></td><td></td></tr>
<tr><td></td><td colspan="4"></td><td></td></tr>
<tr><td></td><td colspan="4"></td><td></td></tr>
<tr><td></td><td colspan="4"></td><td></td></tr>
<tr><td></td><td colspan="4"></td><td></td></tr>
<tr><td></td><td colspan="4"></td><td></td></tr>
<tr><td></td><td colspan="4"></td><td></td></tr>
<tr><td></td><td colspan="4"></td><td></td></tr>
<tr><td colspan="6">备注:</td></tr>
<tr><td colspan="6">操作人:　　　　监护人:　　　　值班负责人(值长):</td></tr>
</table>

1. 第一栏(接受操作任务单位栏)

第一项单位填写××kV××变电站,第二项编号按现场规定填写。同一操作任务有多页的情况下编号相同。

2. 第二栏(命令栏)

(1)发令人填写发布正式调度操作命令的调度员姓名。非调度管辖设备的操作填写发出操作命令的站长或副站长(操作队队长或副队长)或当班值班负责人姓名。

(2)受令人填写接受正式调度操作命令的值班员姓名。

(3)发令时间填写调度员发布正式调度操作命令时间,时间精确到分,年采用四位阿拉伯数字填写,月、日、时、分采用两位阿拉伯数字填写。

3. 第三栏(操作时间栏)

(1)操作开始时间在实际操作开始时填写。

(2)操作结束时间在本操作票所列操作项目全部执行完并进行操作质量检查后填写,在操作任务未全部执行完但因故不再执行其余项目时,已操作的最后一项时间为操作结束时间。

4. 第四栏(操作分类选择栏)

在实际操作类型前的括号内打"√"即可,变电站一般都采用"监护下操作"。

5. 第五栏(操作任务栏)

用统一的调度术语简明扼要说明要执行的操作任务,操作任务栏内必须写明设备的电压等级及双重名称。操作任务不得涂改。停电和送电操作应分别填写操作票。母线、母线分段(母联)断路器、旁路断路器、母线电压互感器、主变压器中性点,均应在其设备名称和编号前面加上相应的电压等级。一份操作票只能填写一个操作任务。

6. 第六栏(操作项目栏)

(1)第一列为顺序栏,分项书写文字可占用数行,顺序号不变,并连续。

(2)第二列为操作项目栏,应填写设备的双重名称(可不填写电压等级,但主变压器侧断路器、母线、旁路母线、旁路断路器、母线电压互感器等应填写电压等级),根据操作任务,按操作顺序及操作票的要求、规定,依次填写分项内容;可占用数页,但应在前一页备注栏内中间写"接下页",在后一页的操作任务栏中间写"接上页"。操作票填写完毕,在操作项目栏最后一项下面一行左边平行盖"以下空白"章,操作票填写刚好一页,在备注栏相同位置盖"以下空白"章。

(3)第三列为检查栏,每操作完一项,应检查无误后打上"√"。电气设备操作后的位置检查应以设备实际位置为准,无法看到实际位置时,可通过检查设备的机械位置指示、电气指示、仪表及各种遥测、遥信的变化判断,且至少应有两个及以上有效指示同时发生对应变化时,才能确认该设备已操作到位。

(4)操作执行完毕,在操作票操作项目栏最后一项下面一行右边加盖"已执行"章。若有废票(票面正确,因故未操作),在操作任务栏右边盖"作废"章。操作票因故中断操作时,如果同一页中操作项目已执行了一部分,剩余部分因故未执行,则在已执行的操作项目最后一栏右边盖"已执行"章,在未执行的操作项目第一栏右边盖"作废"章,其原因应在备注栏注明。

7. 第七栏(备注栏)

在操作票因故作废或在执行过程中中断操作,在未执行操作票的各页任务栏右边盖"作废"章,作废原因应在备注栏注明。当作废页数较多且作废原因注明内容较多时,可自第二张作废页开始只在备注栏中注明"作废原因同上页"。

8. 第八栏(签名栏)

操作人填写操作票完毕并审查后签名;监护人根据模拟图板,核对所填的操作任务和项目,确认无误后签名;如果监护人不是值班负责人,最后还要由值班负责人审核签名。正班负责制的站和监控中心人员在站端所写的操作票,可由正班担任监护人和值班负责人。无论何种方式填写的操作票,均应由本人亲笔签名,不准代签或打印。

项目2 线路的倒闸操作

任务1 线路倒闸操作原则

3.2.1.1 线路停电操作

线路由运行转检修操作按照以下几个步骤,并按照先后顺序进行:线路由运行转热备用→线路由热备用转冷备用→线路由冷备用转检修。

1. 线路由运行转热备用

(1)若调度规定需首先退出线路主保护(采用不带通道异常闭锁功能的高频保护),则应先退出线路主保护压板,主要是为避免通道异常时发生区外故障保护误动作。若调度规定在断路器断开后停用主保护(采用带通道异常闭锁功能的高频保护),则在线路转冷备用后将高频保护由跳闸切至信号位置。

(2)停用线路重合闸。对于110 kV及以下的线路,断路器采用三相操作机构,配置三相重合闸装置;对于220 kV及以上的线路,断路器采用分相操作机构,配置单相重合闸或综合重合闸装置,且采用双重化保护。当采用三相、单相重合闸时,停用重合闸只需退出重合闸出口压板即可;当采用综合重合闸时,停用重合闸时应包含投入闭锁重合闸压板、将重合闸方式切至停用、退出重合闸出口压板三项。对于双重线路保护,若正常运行时投入一套,另一套备用,则备用重合闸的重合方式应与运行重合闸相同,仅断开备用重合闸出口压板。

(3)拉开线路断路器。

2. 线路由热备用转冷备用

按照倒闸操作原则拉开断路器两侧隔离开关。

3. 线路由冷备用转检修

线路冷备用转检修包括两种情况,一种是转线路检修(包括线路电压互感器、避雷器检修),另一种是转线路的断路器检修(包括断路器两侧的隔离开关检修,要在断路器一侧接地。只要在断路器两侧的任一侧接地都视为断路器检修)。下面分两种情况讨论。

1)线路由冷备用转线路检修

(1)停用相关保护(母差保护、失灵保护和安控装置),即退出本路保护联跳他路断路器压板,退出他路保护、自动装置联跳本路断路器压板。110 kV系统一般配置有母差保护,220 kV系统一般配置有母差保护、失灵保护和安控装置。

(2)停用线路电压互感器(取下电压互感器二次侧熔断器)

(3)验明线路侧隔离开关的三相确无电压,在该处装设接地线(或合上线路侧接地隔离开关)。

2)线路由冷备用转断路器检修

(1)停用相关保护。方法同冷备用转线路检修一样。

(2)验明断路器两侧三相确无电压,立即在断路器两侧装设接地线(或合上线路侧接地隔离开关)。

(3)切断断路器的控制电源、信号电源、合闸电源、保护装置交直流电源。目的是避免检修过程中保护误发信号,检修人员误碰、误动使断路器分、合闸,检修人员受伤等。

3.2.1.2 线路送电操作

线路的送电操作与停电相反,但是要注意在投入保护之前,要增加一项工作,测试所投入保护压板两端无脉冲电压。测试的目的是避免因保护异常使压板有脉冲电压而让断路器跳闸。在将高频保护由信号切至跳闸位置之前,应测试高频通道正常。

任务 2 线路倒闸操作实例

3.2.2.1 线路的停电操作

如图 3-1 为某 220 kV 变电站电气主接线,220 kV 侧的正常运行方式为:Ⅰ母、Ⅱ母通过 212 断路器并列运行;#1 主变(主变压器的简称,后同)、天青线、天怀线、218 电压互感器运行于Ⅰ母;#2 主变、天大线、228 电压互感器运行于Ⅱ母;旁路断路器 215 热备用于Ⅰ母;#1 保护屏重合闸装置投入,重合闸方式为“单重”,#2 保护屏重合闸装置备用。在Ⅰ母线上的天青线停电操作票如表 3-10 所示。

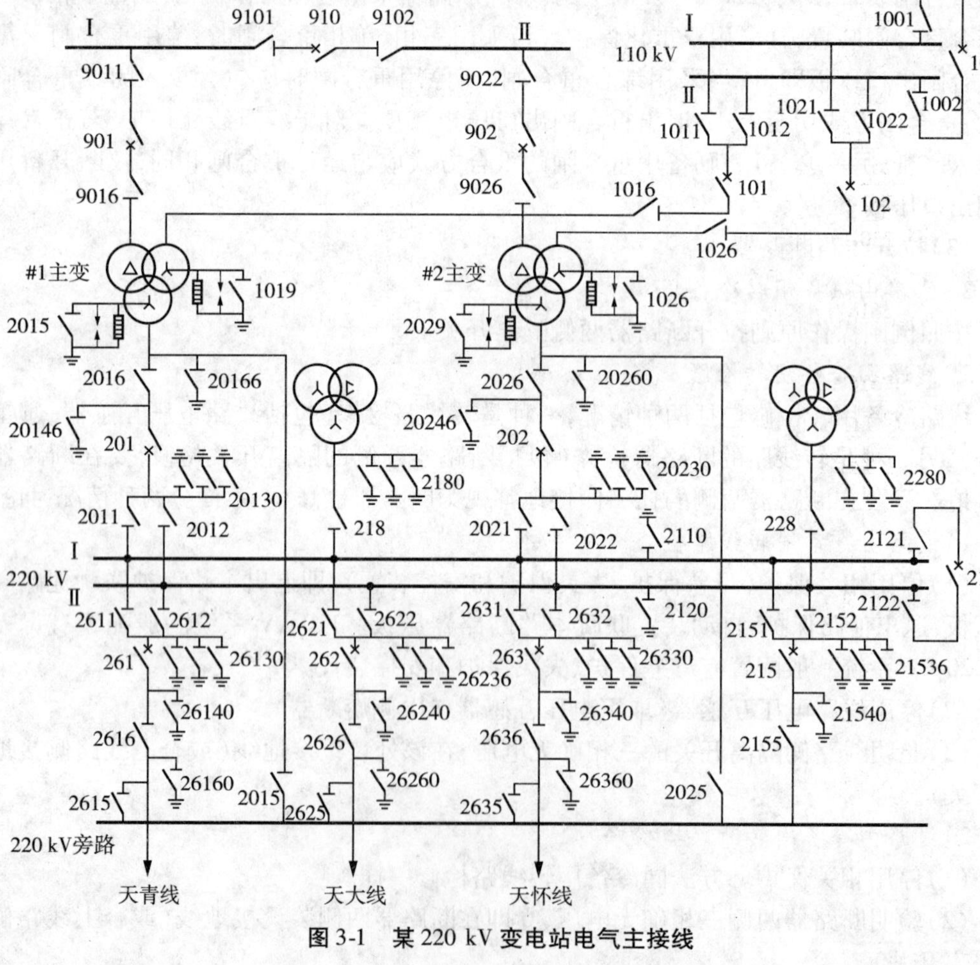

图 3-1 某 220 kV 变电站电气主接线

表 3-10　变电站(发电厂)倒闸操作票示例一

单位＿＿＿＿＿＿＿＿＿＿　　　　　　　　　　　　　　　　　　　　　　编号＿＿＿＿＿＿＿

发令人		受令人		发令时间	年　月　日　时　分
操作开始时间： 年　月　日　时　分				操作结束时间： 年　月　日　时　分	
(　　)监护下操作　(　　)单人操作　(　　)检修人员操作					
操作任务：将 220 kV 天青线 261 断路器由Ⅰ母运行转线路检修					

顺序	操作项目	√
1	退出天青线 261 断路器 1 号保护屏投主保护压板	
2	退出天青线 261 断路器 2 号保护屏投主保护压板	
3	退出天青线 261 断路器 1 号保护屏重合闸出口压板	
4	检查天青线 261 断路器 1 号保护屏重合闸出口压板确已退出	
5	拉开天青线 261 断路器	
6	检查天青线 261 断路器确在分闸位置	
7	将天青线 261 断路器“远方/就地”切换开关由“远方”切至“就地”位置	
8	拉开天青线 2616 隔离开关	
9	检查天青线 2616 隔离开关确在分闸位置	
10	拉开天青线 2611 隔离开关	
11	检查天青线 2611 隔离开关确在分闸位置	
12	退出 261 断路器 1 号保护屏 A、B、C 相启动失灵压板	
13	退出 261 断路器 2 号保护屏 A、B、C 相启动失灵压板	
14	退出 220 kV 母差失灵跳 261 断路器出口压板	
15	取下天青线 261 断路器线路电压互感器二次侧熔断器	
16	验明 2616 隔离开关线路侧三相确无电压	
17	合上 26160 接地隔离开关	
18	检查 26160 接地隔离开关三相确在合闸位置	
19	合上 26130 A 相接地隔离开关	
20	检查 26130 A 相接地隔离开关确在合闸位置	
21	合上 26130 B 相接地隔离开关	
22	检查 26130 B 相接地隔离开关确在合闸位置	
23	合上 26130 C 相接地隔离开关	
24	检查 26130 C 相接地隔离开关确在合闸位置	
25	拉开天青线 261 断路器信号隔离开关	
26	取下天青线 261 断路器控制熔断器	
27	拉开天青线 261 断路器油泵电源刀闸	
28	拉开天青线 261 断路器 1 号保护装置直流电源开关	
29	拉开天青线 261 断路器 2 号保护装置直流电源开关	

备注：

操作人：　　　　　监护人：　　　　　值班负责人(值长)：

3.2.2.2 线路的送电操作

如图 3-1 所示,若 220 kV 天青线 261 断路器由线路检修转 I 母运行,该线路的送电操作票如表 3-11 所示。

表 3-11 变电站(发电厂)倒闸操作票示例二

单位______________ 编号__________

发令人		受令人		发令时间	年 月 日 时 分
操作开始时间: 年 月 日 时 分				操作结束时间: 年 月 日 时 分	
( )监护下操作 ( )单人操作 ( )检修人员操作					
操作任务:220 kV 天青线 261 断路器由线路检修转 I 母运行					

顺序	操作项目	√
1	拉开 26160 接地隔离开关	
2	检查 26160 接地隔离开关三相确在分闸位置	
3	测试 220 kV 母差失灵跳 261 断路器出口压板两端确无跳闸脉冲	
4	投入 220 kV 母差失灵跳 261 断路器出口压板	
5	测试 261 断路器 1 号保护屏 A、B、C 相启动失灵压板两端确无跳闸脉冲	
6	投入 261 断路器 1 号保护屏 A、B、C 相启动失灵压板	
7	测试 261 断路器 2 号保护屏 A、B、C 相启动失灵压板两端确无跳闸脉冲	
8	投入 261 断路器 2 号保护屏 A、B、C 相启动失灵压板	
9	插上天青线 261 断路器线路电压互感器二次侧熔断器	
10	合上天青线 2611 隔离开关	
11	检查天青线 2611 隔离开关确在合闸位置	
12	合上天青线 2616 隔离开关	
13	检查天青线 2616 隔离开关确在合闸位置	
14	将天青线 261 断路器“远方/就地”切换开关由“就地”切至“远方”位置	
15	合上天青线 261 断路器	
16	检查天青线 261 断路器确在合闸位置	
17	合上天青线 261 断路器 1 号保护屏重合闸出口压板	
18	测试天青线 261 断路器 1 号保护屏投主保护压板确无跳闸脉冲	
19	投入天青线 261 断路器 1 号保护屏投主保护压板	
20	测试天青线 261 断路器 2 号保护屏投主保护压板确无跳闸脉冲	
21	投入天青线 261 断路器 2 号保护屏投主保护压板	
备注:		
操作人: 监护人: 值班负责人(值长):		

项目 3　双母线的倒闸操作

任务 1　双母线倒闸操作原则

3.3.1.1　双母线停电操作

对于双母线接线方式,其中一段母线由运行转检修的倒闸操作按照以下几个步骤,并按照先后顺序进行:倒母线→母线由运行转热备用→母线由热备用转冷备用→母线由冷备用转检修。

1. 倒母线

倒母线即是将需要停电的母线上的所有(电源和负荷)进出线倒至另一段母线,方法如下:

(1)将母线保护由选择性改为非选择性。

(2)取下母联断路器的控制熔断器使母联断路器作死开关,防止母联断路器偷跳。

(3)倒换母线上的一次设备。

(4)插上母线断路器控制熔断器。

注意:倒换母线上的一次设备操作如下:采用先合后拉(先合需倒至的母线隔离开关,后拉需停电的母线隔离开关)的方式将需停电的母线上的所有一次设备(包括旁路断路器)倒至另一母线,每一设备倒至另一母线后都应检查二次电压切换正常(检查母差保护屏对应刀闸确在合闸位置,检查本保护屏Ⅰ母或Ⅱ母电压指示灯亮;若采用重动继电器进行电压切换,还要检查相应母线重动继电器触点应闭合)。

2. 母线由运行转热备用

(1)检查母联断路器是否确无电流。

(2)检查需停电母线所有回路母线侧隔离开关是否确已拉开。

(3)退出母线母差保护电压闭锁压板。

(4)拉开母联断路器。

3. 母线由热备用转冷备用

(1)按照停送电原则依次拉开母联断路器两侧的隔离开关。

(2)停用母线电压互感器,停用时遵循先停二次、后停一次的原则。

(3)停用母联断路器相关保护:退出母差保护跳母联断路器压板,退出#1、#2 主变压器后备保护跳母联断路器压板。

4. 母线由冷备用转检修

(1)检查需停电母线所有回路母线侧隔离开关确在分闸位置。

(2)对母线进行三相验电并接地。

3.3.1.2　双母线送电操作

双母线的送电操作与停电相反,在投入保护之前,运行值班人员要增加一项工作,即测试所投入保护压板两端无脉冲电压。在对母线进行充电检查时,应自行在充电前投入母联开关充电保护压板,充电正常后退出充电保护压板。

任务2　双母线倒闸操作实例

如图3-1所示,220 kV侧按正常运行方式。根据双母线停送电操作票填写原则,将Ⅰ母由运行转检修的倒闸操作票如表3-12所示。

表3-12　变电站(发电厂)倒闸操作票示例三

单位＿＿＿＿＿＿＿＿　　　　　　　　　　　　　　编号＿＿＿＿＿＿

<table>
<tr><td>发令人</td><td></td><td>受令人</td><td></td><td>发令时间</td><td>年　月　日　时　分</td></tr>
<tr><td colspan="3">操作开始时间:
年　月　日　时　分</td><td colspan="3">操作结束时间:
年　月　日　时　分</td></tr>
<tr><td colspan="6">(　　)监护下操作　(　　)单人操作　(　　)检修人员操作</td></tr>
<tr><td colspan="6">操作任务:220 kV Ⅰ母及电压互感器由运行转检修</td></tr>
</table>

顺序	操作项目	√
1	将母差保护由选择性改为非选择性	
2	检查212断路器确在合闸位置	
3	检查2121隔离开关确在合闸位置	
4	检查2122隔离开关确在合闸位置	
5	拉开212断路器控制电源空气开关	
6	合上2152隔离开关	
7	检查2152隔离开关确在合闸位置	
8	检查215断路器二次电压切换正常	
9	拉开2151隔离开关	
10	检查2151隔离开关确在分闸位置	
11	合上2632隔离开关	
12	检查2632隔离开关确在合闸位置	
13	检查263断路器二次电压切换正常	
14	拉开2631隔离开关	
15	检查2631隔离开关确在分闸位置	
16	合上2612隔离开关	
17	检查2612隔离开关确在合闸位置	
18	检查261断路器二次电压切换正常	
19	拉开2611隔离开关	
20	检查2611隔离开关确在分闸位置	
21	合上2012隔离开关	
22	检查2012隔离开关确在合闸位置	
23	检查201断路器二次电压切换正常	
24	拉开2011隔离开关	
25	检查2011隔离开关确在分闸位置	
26	合上212断路器控制电源空气开关	

续表 3-12

顺序	操作项目	√
27	检查Ⅰ母线上除 2121、218 隔离开关外其余所有回路母线侧隔离开关均在分闸位置	
28	检查 212 断路器三相电流正常(　　A、　　A、　　A)	
29	拉开 220 kV 母联 212 断路器	
30	检查 220 kV 母联 212 断路器三相无电流	
31	检查 212 断路器确在分闸位置	
32	拉开 2121 隔离开关	
33	检查 2121 隔离开关确在分闸位置	
34	拉开 2122 隔离开关	
35	检查 2122 隔离开关确在分闸位置	
36	拉开 220 kVⅠ母电压互感器二次空气开关	
37	拉开 220 kVⅠ母电压互感器 218 隔离开关	
38	检查 220 kVⅠ母电压互感器 218 隔离开关确在分闸位置	
39	退出#1 主变Ⅰ屏后备保护跳 212 断路器压板	
40	退出#1 主变Ⅱ屏后备保护跳 212 断路器压板	
41	退出#2 主变Ⅰ屏后备保护跳 212 断路器压板	
42	退出#2 主变Ⅱ屏后备保护跳 212 断路器压板	
43	退出 220 kV 母差保护跳 212 断路器出口压板	
44	投入 220 kV 母差保护双母线分列运行压板	
45	验明 220 kVⅠ母确无电压	
46	合上 2110 接地隔离开关	
47	检查 2110 接地隔离开关确在合闸位置	
48	验明 220 kVⅠ母电压互感器与 218 隔离开关之间确无电压	
49	合上 2180 接地隔离开关	
50	检查 2180 接地隔离开关确在合闸位置	

备注：

操作人：　　　　监护人：　　　　值班负责人(值长)：

项目4　旁路断路器代替出线断路器的倒闸操作

任务1　旁路断路器代替出线断路器操作原则

对于带旁路接线的电气主接线，若其中一条出线断路器需要检修，为了提高供电的可靠性，可以用旁路断路器代替出线断路器运行，其操作如下。

3.4.1.1　旁代路准备

（1）更改保护定值。将旁路断路器的保护定值改为与被代线路保护定值一致。

（2）检查保护定值。检查旁路断路器代线路断路器保护定值是否正确。

（3）正确投入旁路断路器保护，但应停用旁路断路器重合闸。

（4）确认旁路断路器的运行状态。要确认旁路断路器与被代线路断路器所在母线一致，若不一致应将旁路断路器冷倒为一致。

3.4.1.2　检查旁路母线

检查旁路母线的流程如下：

（1）启用解除同期装置。

（2）合上旁路断路器，对母线进行充电检查。

（3）退出解除同期装置。

（4）拉开旁路断路器。

（5）合上被代断路器旁路隔离开关。

这里，启用解除同期装置是指置该断路器的同期开关、同期屏上的同期表计切换开关于投入位置，置同期闭锁解除转换开关于退出同期闭锁位置，反之则是“退出解除同期装置”。

3.4.1.3　合环

（1）停用环内断路器重合闸。

（2）环内断路器为分相操作机构的，在合环前应停用零序保护，这是因为合环过程中存在环流，若三相合闸不一致，会产生零序电流，造成零序保护动作。

（3）启用检查同期装置（置该断路器的同期开关、同期屏上的同期表计切换开关于投入位置，反之则是“退出检查同期装置”）。

（4）合环前检查旁路断路器的三相电流。

（5）合上旁路断路器。

（6）合环后检查旁路断路器及被代断路器的三相电流。

3.4.1.4　解环

（1）拉开被代线路断路器进行解环。

（2）解环后检查旁路断路器的三相电流。

（3）投入旁路断路器零序保护。

（4）启用旁路断路器重合闸。

3.4.1.5 **被代断路器的其他操作**

(1)投入被代断路器的零序保护(规程规定要操作设备,其保护应投入)。

(2)将被代断路器由热备用转冷备用或检修。其操作方法与线路停电操作方法一致。

任务2 旁路断路器代替出线断路器操作实例

如图3-1所示,220 kV侧按正常运行方式。根据旁路断路器代出线断路器操作票填写原则,220 kV旁路215断路器代替天大线262断路器运行的倒闸操作票如表3-13所示。

表3-13 变电站(发电厂)倒闸操作票示例四

单位________　　　　编号________

发令人		受令人		发令时间	年 月 日 时 分
操作开始时间: 年 月 日 时 分				操作结束时间: 年 月 日 时 分	
( )监护下操作		( )单人操作		( )检修人员操作	
操作任务:220 kV旁路215断路器由Ⅰ母热备用代天大线262断路器于Ⅱ母运行,262断路器由Ⅰ母运行转冷备用					

顺序	操作项目	√
1	将220 kV旁路215断路器保护定值由正常(区)改为备用(区)	
2	检查220 kV旁路215断路器代天大线262断路器区保护定值正确	
3	检查220 kV旁路215断路器所有保护已正确投入	
4	检查220 kV旁路215断路器确在分闸位置	
5	拉开220 kV旁路2155隔离开关	
6	检查220 kV旁路2155隔离开关确在分闸位置	
7	拉开220 kV旁路2151隔离开关	
8	检查220 kV旁路2151隔离开关确在分闸位置	
9	合上220 kV旁路2152隔离开关	
10	检查220 kV旁路2152隔离开关确在合闸位置	
11	检查220 kV旁路215断路器二次电压切换正常	
12	合上220 kV旁路2155隔离开关	
13	检查220 kV旁路2155隔离开关确在合闸位置	
14	检查220 kV旁路215断路器一次回路无接地、短路及异常	
15	检查旁路母线一次回路无接地、短路及异常	
16	检查旁路上除2155隔离开关外其余所有回路旁路侧隔离开关均在分闸位置	
17	启用解除同期装置	
18	合上220 kV旁路215断路器	
19	检查220 kV旁路母线三相电压正常(kV、 kV、 kV)	
20	退出解除同期装置	
21	检查220 kV旁路215断路器确在合闸位置	
22	拉开220 kV旁路215断路器	
23	检查220 kV旁路215断路器确在分闸位置	

续表 3-13

顺序	操作项目	√
24	合上天大线 2625 隔离开关	
25	检查天大线 2625 隔离开关确在合闸位置	
26	退出天青线 261 断路器 1 号保护屏重合闸出口压板	
27	退出 220 kV 旁路 215 断路器零序保护压板	
28	退出天大线 262 断路器 1 号保护屏零序保护压板	
29	退出天大线 262 断路器 2 号保护屏零序保护压板	
30	检查天大线 262 断路器三相电流正常(　　A、　　A、　　A)	
31	启用检查同期装置	
32	合上 220 kV 旁路 215 断路器	
33	检查 220 kV 旁路 215 断路器三相电流正常(　　A、　　A、　　A)	
34	检查天大线 262 断路器三相电流正常(　　A、　　A、　　A)	
35	退出检查同期装置	
36	检查 220 kV 旁路 215 断路器确在合闸位置	
37	拉开天大线 262 断路器	
38	检查 220 kV 旁路 215 断路器三相电流正常(　　A、　　A、　　A)	
39	检查天大线 262 断路器确在分闸位置	
40	测试 220 kV 旁路 215 断路器零序保护压板两端确无跳闸脉冲	
41	投入 220 kV 旁路 215 断路器零序保护压板	
42	退出 220 kV 旁路 215 断路器闭锁重合闸压板	
43	将 220 kV 旁路 215 断路器重合闸切换开关由“停用”切至“单重”	
44	投入天大线 262 断路器 1 号保护屏零序保护压板	
45	投入天大线 262 断路器 2 号保护屏零序保护压板	
46	拉开天大线 2626 隔离开关	
47	检查天大线 2626 隔离开关确在分闸位置	
48	拉开天大线 2622 隔离开关	
49	检查天大线 2622 隔离开关确在分闸位置	
50	将 262 断路器 1 号高频保护收发讯机信号接口由“本线”切至“旁路”	
51	退出 220 kV 母差失灵保护跳 262 断路器出口压板	
52	退出天大线 262 断路器 1 号 A 相启动失灵压板	
53	退出天大线 262 断路器 1 号 B 相启动失灵压板	
54	退出天大线 262 断路器 1 号 C 相启动失灵压板	
55	退出天大线 262 断路器 2 号 A 相启动失灵压板	
56	退出天大线 262 断路器 2 号 B 相启动失灵压板	
57	退出天大线 262 断路器 2 号 C 相启动失灵压板	

备注:

操作人:　　　　　　监护人:　　　　　　值班负责人(值长):

项目5　主变的倒闸操作

任务1　主变倒闸操作票填写原则

若两台变压器并列运行,一台主变中性点接地运行,另一台主变间隙接地运行,其停电操作票的填写原则如下。

3.5.1.1　中性点操作(接地运行)

(1)根据变压器的停送电操作原则,为避免出现操作过电压,不管是停电还是送电,只要操作主变均应将未接地变压器中性点接地。例如停中性点接地主变的电时,应将中性点不接地的主变中性点接地;若停中性点不接地主变的电,也应将中性点不接地主变的中性点接地,此时系统中性点短时有两个接地点。

(2)若变压器中性点接地隔离开关与间隙共用电流互感器,则合接地隔离开关前,应启用变压器对应侧(高、中压侧)中性点零序电流保护,合接地隔离开关后,退出变压器对应侧中性点间隙零序保护。若变压器中性点接地隔离开关与间隙采用独立的电流互感器,则不需要切换保护。

3.5.1.2　主变由运行转热备用

(1)拉开各断路器前检查环内断路器三相电流正常。

(2)按照低、中、高顺序拉开主变各侧断路器。对于单电源变压器,应先拉负荷侧断路器,再拉电源侧断路器。

(3)拉开各断路器后检查环内未拉开断路器三相电流正常。

3.5.1.3　主变由热备用转冷备用

(1)按照低、中、高顺序拉开主变各侧隔离开关,且先拉变压器侧隔离开关,再拉母线侧隔离开关。

(2)停用相关保护。

①停用母差、失灵保护跳主变断路器的出口压板。

②停用主变各侧后备保护跳母联断路器的出口压板。

3.5.1.4　主变由冷备用转检修

(1)拉开主变各侧中性点接地隔离开关。

(2)主变各侧进行验电接地。

(3)主变及各侧开关检修等。

任务2　主变倒闸操作实例

如图3-1所示,此接线中有两台变压器,分别是#1主变和#2主变,假设根据调度的命令正常运行时#1主变中性点接地运行,#2主变间隙接地运行,变压器中性点接地隔离开关与间隙采用独立的电流互感器,220 kV Ⅰ母和Ⅱ母通过212断路器并列运行,110 kV Ⅰ母和Ⅱ母通过100断路器并列运行,10 kV Ⅰ母和Ⅱ母通过910断路器并列运行,则#1主变停电的倒闸操作票如表3-14所示。

表 3-14　变电站(发电厂)倒闸操作票示例五

单位＿＿＿＿＿＿＿＿　　　　　　　　　　　　　　　　　　　　编号＿＿＿＿＿＿

发令人		受令人		发令时间	年　月　日　时　分
操作开始时间：　年　月　日　时　分			操作结束时间：　年　月　日　时　分		
(　　)监护下操作		(　　)单人操作		(　　)检修人员操作	
操作任务:#1 主变由运行转冷备用					

顺序	操作项目	√
1	合上#2 主变中性点 2029 接地隔离开关	
2	检查#2 主变中性点 2029 接地隔离开关确在合闸位置	
3	检查#1 主变 901 断路器三相电流正常(　A、　A、　A)	
4	检查#2 主变 902 断路器三相电流正常(　A、　A、　A)	
5	拉开#1 主变 901 断路器	
6	检查#2 主变 902 断路器三相电流正常(　A、　A、　A)	
7	检查#1 主变 901 断路器确在分闸位置	
8	检查#1 主变 101 断路器三相电流正常(　A、　A、　A)	
9	检查#2 主变 102 断路器三相电流正常(　A、　A、　A)	
10	拉开#1 主变 101 断路器	
11	检查#2 主变 102 断路器三相电流正常(　A、　A、　A)	
12	检查#1 主变 101 断路器确在分闸位置	
13	检查#1 主变 201 断路器三相电流正常(　A、　A、　A)	
14	检查#2 主变 202 断路器三相电流正常(　A、　A、　A)	
15	拉开#1 主变 201 断路器	
16	检查#2 主变 202 断路器三相电流正常(　A、　A、　A)	
17	检查#1 主变 201 断路器确在分闸位置	
18	拉开#1 主变 9016 隔离开关	
19	检查#1 主变 9016 隔离开关确在分闸位置	
20	拉开#1 主变 9011 隔离开关	
21	检查#1 主变 9011 隔离开关确在分闸位置	
22	拉开#1 主变 1016 隔离开关	
23	检查#1 主变 1016 隔离开关确在分闸位置	
24	拉开#1 主变 1011 隔离开关	
25	检查#1 主变 1011 隔离开关确在分闸位置	
26	检查#1 主变 1012 隔离开关确在分闸位置	
27	拉开#1 主变 2016 隔离开关	
28	检查#1 主变 2016 隔离开关确在分闸位置	

续表 3-14

顺序	操作项目	√
29	检查#1 主变 2015 隔离开关确在分闸位置	
30	拉开#1 主变 2011 隔离开关	
31	检查#1 主变 2011 隔离开关确在分闸位置	
32	检查#1 主变 2012 隔离开关确在分闸位置	
33	退出#1 主变保护Ⅰ屏 201 启动失灵保护压板	
34	退出#1 主变保护Ⅱ屏 201 启动失灵保护压板	
35	退出 220 kV 母差失灵保护跳 201 开关出口压板	
36	退出 110 kV 母差保护跳 101 开关出口压板	
37	退出#1 主变保护Ⅰ屏后备保护跳 212 开关出口压板	
38	退出#1 主变保护Ⅱ屏后备保护跳 212 开关出口压板	
39	退出#1 主变保护Ⅰ屏后备保护跳 100 开关出口压板	
40	退出#1 主变保护Ⅱ屏后备保护跳 100 开关出口压板	
备注：		
操作人：　　　监护人：　　　值班负责人(值长)：		

模块 4　事故处理

项目 1　变电站一次系统及自用电系统的运行及事故处理

任务 1　变电站电气系统的组成与运行方式的编制原则

4.1.1.1　变电站电气系统的组成

变电站的电气系统分为电气一次系统和电气二次系统。电气一次系统的设备用于电能的交换和分配，主要有电力变压器、断路器、隔离开关、避雷器、互感器、消弧线圈、补偿电容器或调相机等，这些都是电压高、电流大的强电设备。电气二次系统的设备是对电气一次设备和电力系统进行监视、控制、保护、调节，并与上级有关部门和用户进行联络通信的有关设备，主要包括各种继电保护和自动装置、测量与监控设备、直流电源和远动通信设备等，这些都是电压较低、电流较小的弱电设备。

4.1.1.2　变电站的电气主接线

1. 对主接线的基本要求

(1) 根据系统和用户的要求，保证供电的可靠性的电能质量。

(2) 接线力求简单、清晰、操作方便。

(3) 保证操作时工作人员和设备的安全，并能保证维护、检修工作的安全。

(4) 在满足技术要求的前提下，应使接线投资和运行费用最经济。

(5) 具有扩建的可能性。

2. 10 ~ 220 kV 变电站主接线的基本接线形式

1) 单母线接线

如图 4-1 所示，此接线的特点是：整个配电装置只有一组母线，所有电源进线和出线都接在同一组母线上。此接线最简单、经济，但供电的可靠性较差，当母线短路或需要检修母线和母线隔离开关时，全部配电装置均要停电。

2) 单母线分段接线

如图 4-2 所示，当出线回路较多时，采用断路器或隔离开关将母线分段，形成单母线分段接线，以提高供电的可靠性。当母线故障或需要检修母线和母线隔离开关时，仅需故障段母线及母线隔离开关所在段母线停电。当用隔离开关分段时，倒闸时将短时间停电。

3) 双母线接线

如图 4-3 所示，与单母线分段接线相比，双母线接线具有以下优点：

(1) 可轮流检修母线而不致中断供电。

(2) 调度灵活，各电源和各负荷可以任意分配到某一组母线上。

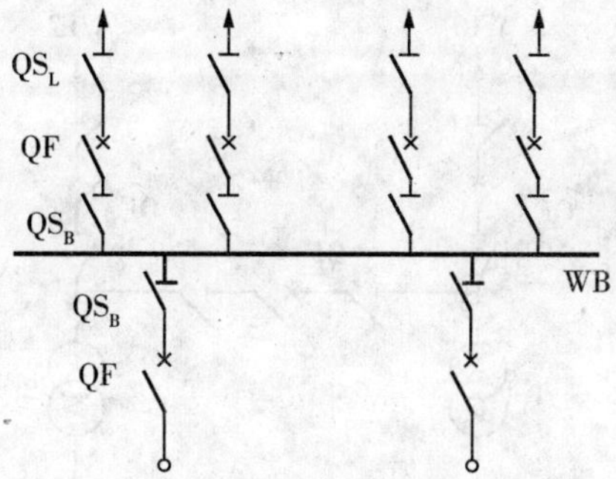

图 4-1　单母线接线

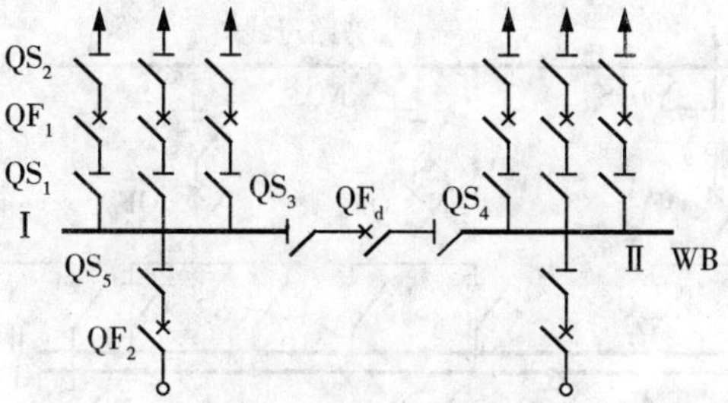

图 4-2　单母线分段接线

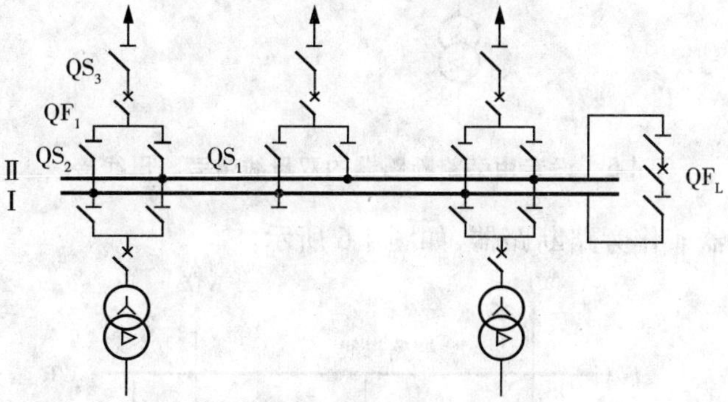

图 4-3　双母线接线

(3)有利于扩建和便于试验。

4)桥式接线

桥式接线分内桥接线和外桥接线。变电站一般采用内桥接线,如图 4-4 所示。

内桥接线的特点是:线路的投入和切除比较方便。当线路发生故障时,仅断开线路的断路器,不影响其他回路的运行。

5)带旁路母线的接线

为了保证采用单母线分段接线或双母线接线的配电装置在检修线路的断路器(包括线路保护装置的检修和调试)时不中断对用户的供电,而设旁路母线。带旁路母线常用的接线方式有:

(1)设专用旁路断路器,如图 4-5 所示。

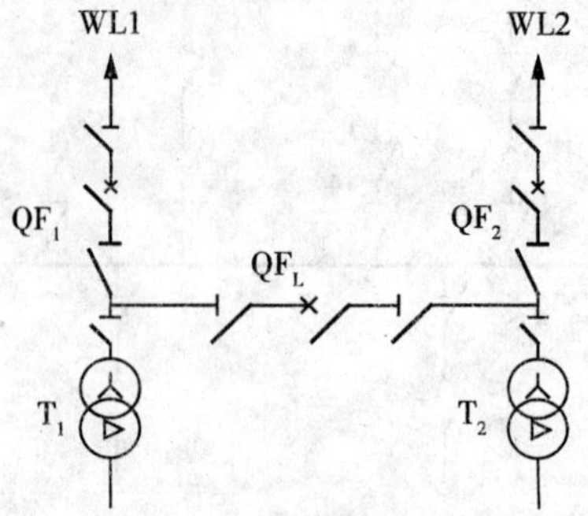

图 4-4　内桥接线

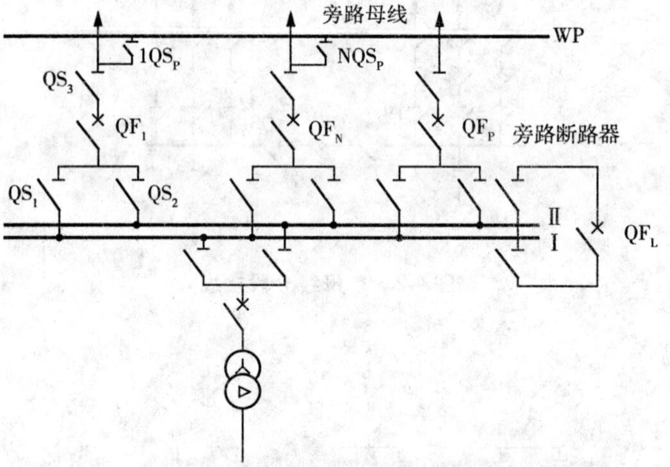

图 4-5　设专用旁路断路器的双母线带旁路母线接线

(2)分段断路器兼作旁路断路器,如图 4-6 所示。

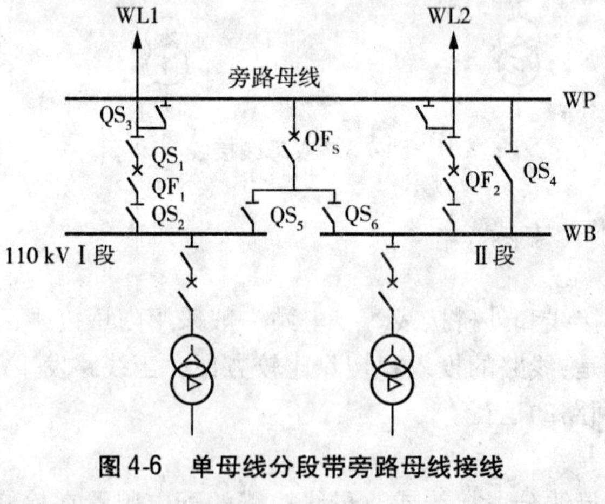

图 4-6　单母线分段带旁路母线接线

变电站主变压器 110～220 kV 侧宜采用以母联或分段断路器兼作旁路断路器。

采用旁路母线接线提高了供电可靠性,但增加了操作的复杂性,倒闸操作时应特别小心。

3. 变电站电气主接线举例

图4-7为某110 kV变电站电气主接线图。110 kV为内桥接线,35 kV和10 kV侧均为单母线分段接线,设分段断路器;10 kV系统设有两组电容器,作为无功就地补偿。110 kV系统采用中性点直接接地方式,35 kV系统采用中性点经消弧线圈接地方式。

4.1.1.3 电气主接线运行方式的编制原则

1. 电气主接线的运行方式

电气主接线的运行方式是指电气主接线中各电气设备实际所处的工作状态(运行、备用、检修)及其相连接的方式。

2. 运行方式的编制原则

电气主接线的运行方式直接影响变电站以及电力系统的安全和经济运行。在编制运行方式时,应遵守以下原则:

(1)合理安排电源和负荷。

(2)变压器中性点接地运行方式满足要求。

(3)站用电安全可靠。

(4)运行方式接线便于记忆。

4.1.1.4 变电站一次设备的继电保护和自动装置配置

1. 主变压器

(1)10~35 kV电力变压器一般配置以下保护:

①主保护:重瓦斯保护、电流速断保护或纵联差动保护。

②后备保护:低压或复合电压启动(闭锁)的过电流保护。

③过负荷保护、轻瓦斯保护、油温升高或油位过高保护。

(2)110 kV及以上变压器除以上保护外,还设有零序电流或零序电压保护。

2. 110 kV线路

相间短路的保护一般采用三段式距离保护,接地故障的保护采用三(四)段(方向)零序电流保护;另外,线路还设有三相自动重合闸装置。

3. 35 kV线路

一般配置(方向)电路速断保护、(方向)过电流保护、三相自动重合闸。

4. 10 kV线路

一般配置电流速断保护、过电流保护、三相自动重合闸、低周减载装置。

5. 母线

母线保护按构成方式分为两大类型:

(1)非专用母线保护。由母线上连接设备的保护兼作母线保护。

(2)专用母线保护。一般采用不完全保护或完全差动保护作为母线的保护。

6. 10 kV电力电容器

配置过电流保护、失压保护。

7. 10~35 kV系统

10~35 kV系统为中性点不接地系统,需设交流绝缘监视装置。

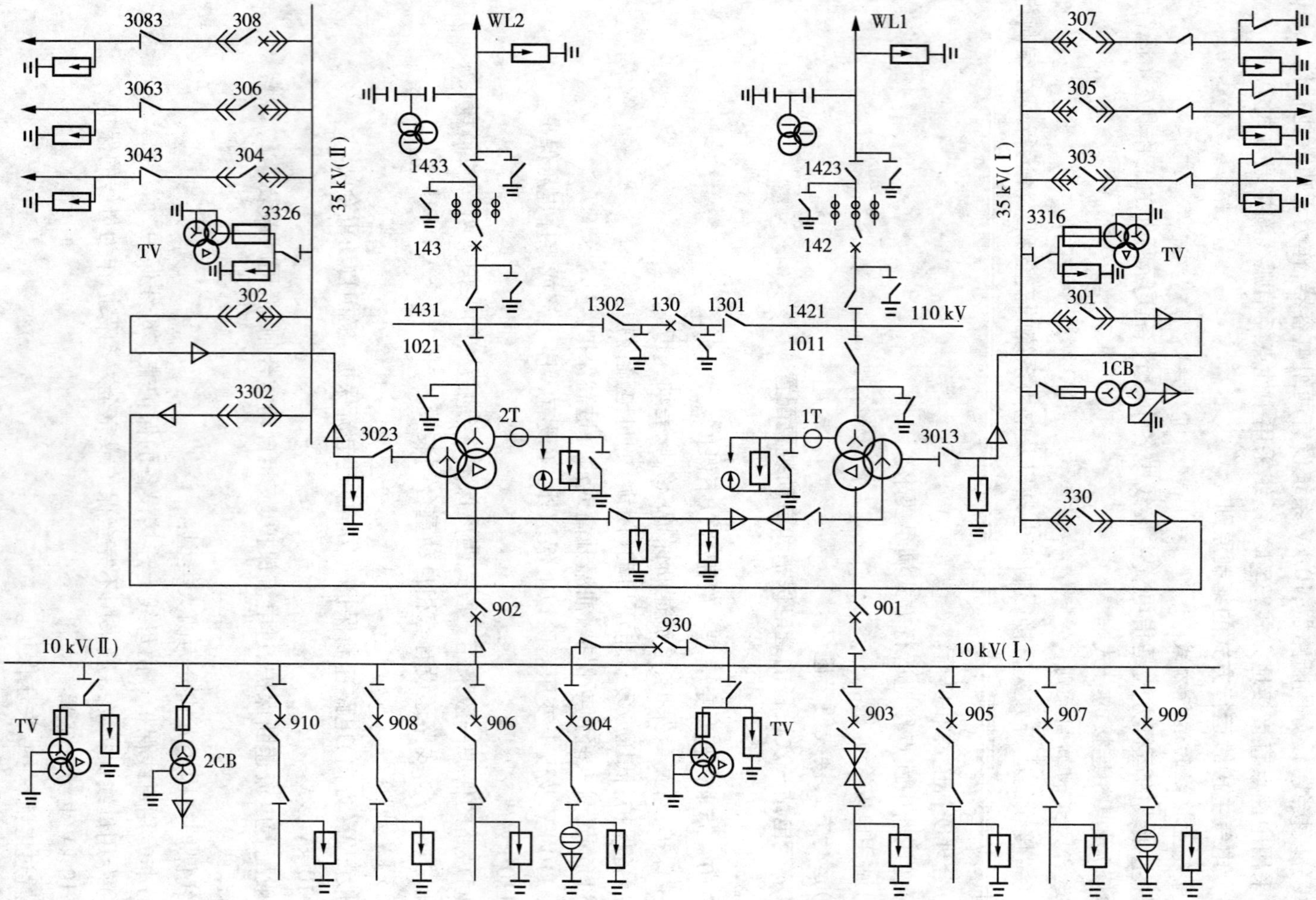

图 4-7　某 110 kV 变电站电气主接线

8. 站用变压器

容量较小的变压器高压侧采用熔断器作为短路保护,容量较大的变压器高压侧采用断路器时,应设电流保护。站用电源设有备用电源的,应设备用电源自动投入装置。

变电站的监控和保护方式分为常规配置和采用微机实施两大类型。

4.1.1.5 变电站的信号装置

变电站应该设有位置信号和中央音响信号装置。位置信号用来反映设备的运行状态,如断路器、刀闸的位置;中央音响信号用来反映保护的动作情况,中央音响信号分为事故信号和预告信号两大类型。当作用于跳闸的保护动作时,发出事故音响(蜂鸣器响,光字牌亮);当作用于发信号的保护动作时,发出预告信号(警铃响,光字牌亮)。

任务2 电气主接线的运行方式

4.1.2.1 正常运行方式

正常运行方式是指正常情况下全部设备投入运行时电气主接线经常采用的运行方式。

主接线的正常运行方式包括母线及其接线的运行方式以及系统中性点的运行方式。电气主接线的正常运行方式只有一种,各变电站的主接线正常运行方式一经确定,相应继电保护和自动装置的投入也随之确定,一般不得随意改变。

4.1.2.2 非正常运行方式

非常运行方式是指在事故处理、设备故障或检修时电气主接线所采用的运行方式。由于事故处理和设备故障以及检修的随机性,电气主接线的非正常运行方式应写入变电站的运行规程。

4.1.2.3 电气主接线运行方式举例

根据图4-7所示110 kV变电站电气主接线,分析其运行方式。

1. 正常运行方式

(1)110 kV侧采用内桥接线方式,设分段断路器130QF;两回110 kV出线WL1、WL2分别接在110 kV母线Ⅰ段和Ⅱ段上;WL1的142QF和两侧的1421、1423刀闸合上,分段断路器130QF及两侧1301、1302刀闸合上,1号、2号主变运行,其电源由WL1供给;WL2的143QF断开,其两侧的刀闸1431QS、1433QS合上,WL2热备用。

(2)35 kV侧为单母线分段接线,设分段断路器330QF;1号主变经301QF接于35 kV Ⅰ段母线上,2号主变经302QF接于35 kV Ⅱ段母线上;正常时,301QF、302QF合上,330QF合上,两段母线并列运行。

(3)10 kV侧为单母线分段接线方式,设分段断路器930QF;1号主变经901QF接于10 kV Ⅰ段母线上,2号主变经902QF合上,10 kV母线Ⅰ、Ⅱ段联络运行。两组电力电容器开关根据母线电压情况处于运行或者热备用状态。

(4)10 kV站变处于运行状态,35 kV站变热备用。

2. 非正常运行方式

(1)当110 kV线路WL1故障或者检修时,142QF断开,1421、1423断开,143QF合上;110 kV电源由WL2供给,其他部分同正常运行方式。

(2)当 110 kV 母线分段断路器 130QF 检修或者故障时,可以根据负荷的情况,采用 2 号主变停电或者 1 号、2 号主变分列运行。当 1 号、2 号主变分列运行时,WL1 供 1 号主变,WL2 供 2 号主变,35 kV 分段断路器 330QF、10 kV 分段断路器 930QF 断开。

(3)当 110 kV 线路 WL1、WL2 的断路器因故障跳开时,35 kV 母线电源可以通过 303QF 供电,110 kV 的 1021QS、1011QS 拉开,1 号、2 号主变的 35 kV、10 kV 侧并列运行,此时应该密切监视 303QF 的负荷,以防止过负荷运行。

非正常运行方式必须按照调度的命令实施,相关的继电保护定值也应按当时的运行方式调整。

任务 3　电气主接线的操作及事故处理

对于常规控制的变电站进行倒闸操作时,应先按操作任务填写操作票,并在模拟屏上进行预演,然后进行实际操作。对微机监控的变电站进行倒闸操作时,应在微机上生成操作票的顺序操作。操作完毕后必须与五防机通信,直至主机窗口显示操作完毕。

4.1.3.1　线路的停电操作

操作任务:10 kV 线路 WL1 由运行转为检修(电气一次接线如图 4-8 所示)

操作步骤:

(1)停用线路 WL1 的重合闸。

(2)断开 QF_1。

(3)检查 QF_1 的位置。

(4)取下 QF_1 的合闸熔断器。

(5)拉开线路侧的 QS_2。

(6)拉开母线侧的 QS_1。此处先拉线路侧的 QS_2,后拉母线侧 QS_1 的原因是:如果 QF 未断开,将发生带负荷拉闸而引起弧光短路事故,短路电流会使保护动作 QF_1 跳闸。若先拉母线侧 QS_1,则带负荷拉闸的弧光引起母线短路,可造成该母线上的所有线路开关跳闸,从而扩大事故。而检修母线侧刀闸必须使母线停电,造成更大停电范围。

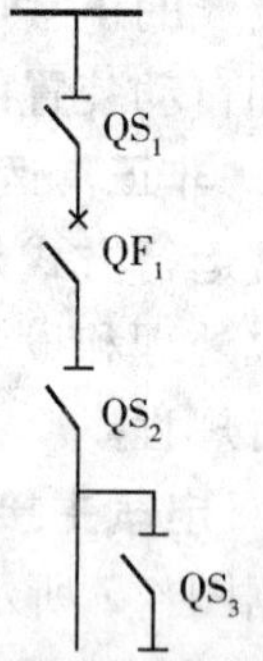

图 4-8　10 kV WL1

(7)取下 QF_1 的控制和信号熔断器。

(8)在线路 QS_2 两侧验明无电压。

(9)合上线路侧接地刀闸 QS_3(如未设接地刀闸,则在此位置挂接地线)。

(10)检查 QS_3 已合上或接地线已挂好。

(11)在 QS_1、QS_2 的操作手柄上挂牌:"禁止合闸,线路有人工作!"

4.1.3.2　旁路母线的操作

电气一次接线如图 4-6 所示。

(1)正常时,110 kV 分段断路器 QF_S 合上,QS_5、QS_4 合上,旁路母线带电,110 kV Ⅰ段、Ⅱ段联络运行,QF_S 作为分段断路器用。

(2)当某一出线的断路器需要检修(如图 4-8 中 WL1 的 QF_1),操作步骤如下:

①合上 QS_6;

②拉开 QS_4；

③合上 QS_3；

④断开 QF_1；

⑤拉开 QS_1、QS_2。

利用分段断路器 QF_S 代替 QF_1、110 kV Ⅰ段、Ⅱ段母线通过 QS_5、QS_6 联络运行。

4.1.3.3 母线失压的事故处理

变电站母线发生故障影响很大，往往是整个变电站或整个区域系统全部停电。设备、人为以及系统的原因，都可能引起母线失电。母线失压时应该根据继电保护和自动装置的信号、开关的位置、仪表的指示以及事故发生时的现象，正确判断母线失压的原因。

(1)若母线失压瞬间站内设备无异常现象，继电保护、自动装置未动作，所有开关未跳闸，则可以判断母线失压由系统供电中断引起。可使全站设备保持原状，汇报调度听候处理。

(2)若失压由开关越级跳闸引起，则应该做下列处理：

①检查各个线路开关的保护是否动作过；若发现某回路开关保护动作而开关未跳，则是该回路开关拒动，应该立即跳开此开关，恢复正常供电并汇报调度。

②若检查各个分路的保护均未动作，则是分路的保护拒动，应该跳开所有分路开关，再合闸使母线带电，然后逐条线路试送。若再试送某开关时又越级跳闸，则停止该线路送电，然后恢复母线及其他线路供电，并且报告调度及领导。

任务4 变电站自用电系统的运行方式与操作

(1)变电站的自用电是指变电站自用电设备和自用机械的用电，也称站用电。

(2)中小型变电站的站用电负荷主要有主变的冷却风扇、蓄电池的充电机、硅整流装置、油处理设备、照明、通风、取暖、水泵、检修电源等。

(3)站用电的负荷一般为 50～200 kVA，有调相机的变电站自用电负荷要大一些。站用电的接线一般为动力、照明、检修共网，采用 380 V/220 V 中性点直接接地供电网络。

(4)站用电一般有两个独立的电源供电，一个为工作电源，一个为备用电源，有些重要的变电站还有自备柴油发电机，以保证站用电的可靠性。备用电源分为明备用和暗备用；当工作电源消失时，备用电源的投入可以手动操作，也可以采用备用电源自动投入装置。

4.1.4.1 站用电的暗备用接线方式

如图 4-9 所示，装设两台站变，分别接在 10 kV 母线的不同段上，两台站变互为备用。0.4 kV 侧采用断路器分段的暗备用接线方式。

1. 正常运行方式

站用电Ⅰ段母线由 1 号站变供电，QS_1 和 QF_1 合上；站用电Ⅱ段母线由 2 号站变供电，QS_2 和 QF_2 合上；母线分段开关 QF_S 断开。

2. 非正常运行方式

1(2)号站变停电检修或者站变电源消失时，站用电Ⅰ、Ⅱ段母线由 2(1)号站变供电，母线分段开关 QF_S 合上。

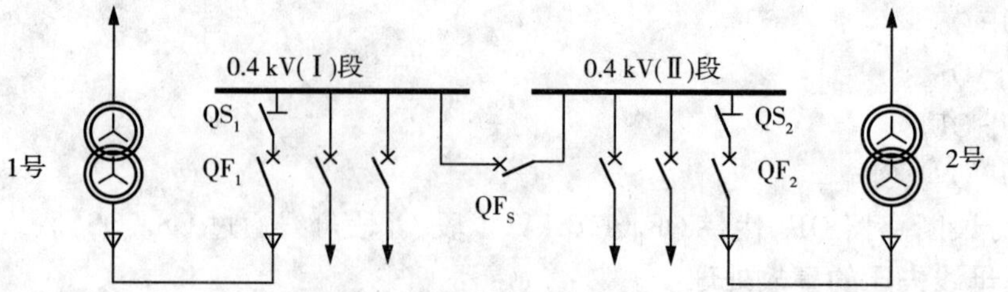

图 4-9　暗备用接线

4.1.4.2　站用电的明备用接线方式

1. 正常运行方式

如图 4-10 所示，站用母线由 10 kV 站变供电，QF_1、KM_1 合闸，35 kV 站变热备用，QF_2 合闸，KM_2 断开。

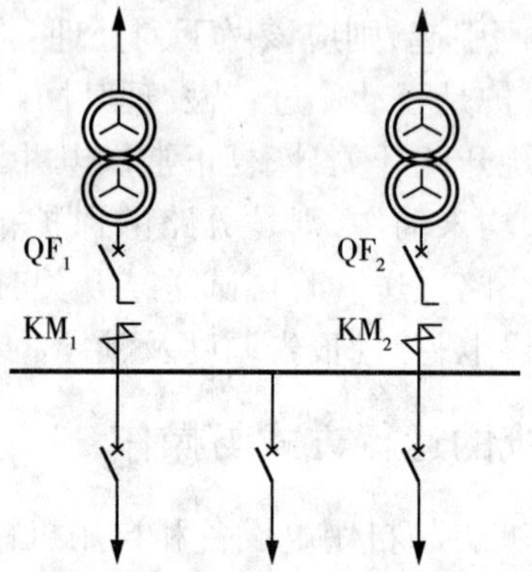

图 4-10　明备用接线

2. 非正常运行方式

10 kV 站变检修时，断开 QF_1 和 KM_1，合上 KM_2，站用电母线由 35 kV 站变供电。由于两台站变电源分别取自 10 kV 和 35 kV 母线，存在相位差 30°，所以两台站变严禁并列运行。

项目 2　变压器的运行及事故处理

任务 1　变压器的结构

4.2.1.1　油浸式变压器的结构

变压器主要由铁芯、绕组、油箱、油枕及绝缘套管、分接开关和气体继电器等组成。

1. 铁芯

(1)铁芯是变压器的磁路部分。

(2)铁芯运行时要产生磁滞损耗和涡流损耗而发热。

(3)铁芯采用厚度小于0.35 mm、导磁系数高的冷轧晶粒硅钢片构成。

(4)依照绕组在铁芯中的布置方式,有铁芯式和铁壳式之分。

2. 绕组

(1)绕组和铁芯都是变压器的核心元件。

(2)基本绕组有同心式和交叠式两种。

(3)变压器绕组的主要故障是匝间短路和对外壳短路。

3. 油箱

(1)油箱用钢板焊成。中、小型变压器的油箱由箱壳和箱盖组成。

(2)大容量变压器的油箱广泛采用全封闭结构,即主油箱与油箱顶部钢板之间或上节油箱与下节油箱之间采用焊接焊死,不使用密封垫,以防止密封不牢靠。

(3)漏油是油箱的常见问题。

4. 油枕

油枕又叫油柜,是一种油保护装置,它是由钢板做成的圆筒形容器,水平安装在变压器油箱盖上,用弯曲管与油箱连接。油枕的一端装有一个油位计(油标管),从油位计中可以监视油位的变化。

油枕起着储油及补油的作用;同时,由于装了油枕,变压器油与空气的接触面缩小,减小了油的劣化速度。

在运行中应加强对油的管理,应注意以下几点:

(1)按期取样做油化试验,不合格者及时处理。

(2)监视变压器上层油温,上层油温不得超过95 ℃,一般情况下不得超过85 ℃。

(3)减少绝缘油对空气的接触,预防水分渗入。

(4)对运行中电压为35 kV及以上、容量在1 000 kVA及以上的油浸式变压器,每年至少进行一次针对溶解于绝缘油里的气体的气相色谱分析试验。

大型变压器为防止油与大气接触的机会,其油枕常用隔膜式油枕和胶囊式油枕。

5. 呼吸器

呼吸器又称吸湿器,通常由一根管道和玻璃容器组成,内装干燥剂(硅胶或活性氧化铝)。当油枕内的空气随变压器油的体积膨胀或缩小时,排出或吸入的空气都经过呼吸器,呼吸器内的干燥剂吸收空气的水分,对空气起过滤作用,从而保持油的清洁。

6. 压力释放装置

压力释放装置在保护电力变压器方面起着重要作用。

压力释放装置有防爆管和压力释放器两种,防爆管用于小型变压器,压力释放器用于大、中型变压器。

1)防爆管

防爆管又称喷油管。防爆管装于变压器的顶盖上,喇叭形的管子与油枕或大气连接,管口有薄膜封住。当变压器内部有故障时,油温升高,油剧烈分解产生大量气体,使油箱内压力剧增。当油箱内压力升高至5×10^4 Pa时,防爆管薄膜破碎,油及气体由管口喷出,防止变压器的油箱爆炸或变形。

2)压力释放器

压力释放器与防爆管相比,具有开启误差小、延迟时间短(仅 2 ms)、控制温度高、能重复使用等优点,故被广泛应用于大、中型变压器上。

压力释放器也称减压器,它装在变压器油箱顶盖上。

7. 散热器

散热器形式有瓦棱形、扇形、圆形、排管等,散热面积越大,散热的效果就越好。当变压器上层油温与下层油温产生温差时,通过散热器形成油的对流,经散热器冷却后流回油箱,起到降低变压器温度的作用。为提高变压器冷却效果,可采用风冷、强迫油风冷和强迫油水冷等措施。散热器的主要故障是漏油。

8. 绝缘套管

变压器绕组的引出线穿过油箱引出时,必须经过绝缘套管,以使带电的引线绝缘。绝缘套管主要由中心导电杆和瓷套组成。导电杆在油箱内的一端与绕组连接,在外面的一端与外线路连接。它是变压器易出故障的部件。

9. 分接开关(又称切换器)

分接开关是调整变压器变比的装置。双绕组变压器的高压绕组一般有 3、5、7 或 19 个分头位置,分接开关是变压器最易出故障的部位。变压器的调压装置分为无载调压和有载调压两种。

10. 气体继电器

气体继电器是变压器的主要保护措施,它可以反映变压器内部的各种故障及异常运行情况,如油位下降,绝缘击穿,铁芯、绕组等受潮、发热或放电故障等,且动作灵敏迅速,结构连线简单,维护检修方便。

11. 净油器(又称温差过滤器)

净油器是一个充满吸附剂(硅胶或活性氧化铝)的容器,它安装在变压器油箱的侧壁或强油冷却器的下部。在变压器运行时,由于上、下油层之间的温差,变压器油从上向下经过净油器形成的对流,油与吸附剂接触,其中的水分、酸和氧化物等被吸收,使油质清洁,延长油的使用寿命。当使用硅胶时,其质量为变压器油质量的 1%;当用活性氧化铝时,其质量为变压器油质量的 0.5%。

4.2.1.2 干式变压器

1. 干式变压器的优点

油浸式电力变压器存在着火、爆炸和延燃等缺点,而干式变压器采用树脂绝缘,填料配料量合理,可做到在内部故障时不会发生起火、爆炸和延燃等现象,也不会污染环境,运行维护工作量小,因而其在防火等级较高的场所得到了优先使用。另外,从经济角度出发,干式变压器不需要单独的变压器室,不需设油坑和事故排油处理设施;还可与高低压配电柜相邻排列,节省了母线槽,减少了占地面积。

2. 干式变压器的缺点

由于干式变压器的器身是裸露于大气中的,而空气的绝缘强度和散热性能比变压器油差,同时其本身的电气特性又受环境空气的影响,因此以空气做绝缘的干式变压器比相同容量的油浸式变压器的体积大,承受冲击电压能力也比油浸式的差,其使用条件一般限于不和架空线路相连,即不会受到大气过电压作用的场合(否则应该加特殊防雷保护)。

3. 干式变压器主要部件特性要求

变压器的电磁系统是相通的。在允许电压工作范围内,干式变压器的温控和通风散热问题,是干式变压器运行的主要问题,因此必须可靠保证干式变压器的运行要求。

1)非包封式绝缘带缠包铜导线绕制的干式变压器

(1)优点是散热好,可修复,制造模具少和价格低。

(2)缺点是线圈整体密封性差。

2)石英粉填料环氧树脂浇注于线圈外壁的厚绝缘的干式电力变压器

绝缘厚度近 10 mm,绝缘体膨胀系数接近铝。如用铜芯,由于导体膨胀系数与绝缘体差别大,在负荷突变引起油温突变时,树脂外壳易裂开。

任务2　变压器的允许运行方式

4.2.2.1　允许温度与允许温升

1. 允许温度

运行中的变压器,由于铜损耗和铁损耗的原因,温度必然要升高。

温升空载时比停运时高,负载时比空载时高,过载时比轻载时高,短路时的温升更高,而且是突然猛升的。

变压器的绝缘老化指随着时间的推移,特别是长期在温度的作用下,变压器绝缘材料的原有绝缘性能不断降低的过程。

变压器运行的 6 ℃原则:当变压器绝缘材料的工作温度超过其允许的长期工作最高温度时,每升高 6 ℃,其使用寿命将减少一半。

油浸式变压器温度由高到低排列的次序是:绕组→铁芯→上层油温→下层油温。

一般油浸式变压器用的是 A 级绝缘材料。A 级绝缘材料的耐热温度为 105 ℃。为使变压器绕组的最高运行温度不超过绝缘材料的耐热温度,规程规定,当最高环境温度为 40 ℃时,A 级绝缘的变压器,上层油温允许值见表 4-1。

表 4-1　上层油温允许值

冷却方式	环境温度(℃)	长期运行的上层油温(℃)	最高上层油温(℃)
自然循环冷却、风冷	40	85	95
强迫油循环风冷	40	75	85
强迫油循环水冷	40	75	85

1)油浸式变压器绕组允许的温度

由于 A 级绝缘变压器的最高允许温度为 105 ℃,绕组的平均温度约比油温高 10 ℃,故油浸自冷或风冷变压器上层油温最高允许温度为 95 ℃,考虑油温对油的劣化影响(油温每增加 10 ℃,油的氧化速度增加 1 倍),故上层油温的允许值一般不超过 85 ℃。

对于强迫油循环风冷或水冷变压器,由于油的冷却效果好,上层油温和绕组的最热点温度降低,但绕组平均温度与上层油温的温差较大(一般绕组的平均温度比上层油温高

20～30 ℃)，故变压器运行上层油温一般为 75 ℃，最高上层油温不会超过 85 ℃。

2）如何监视和保证变压器不超温运行

为了监视和保证变压器不超温运行，变压器装有温度继电器和就地温度计。温度计用于就地监视变压器的上层油温。温度继电器的作用是：当变压器上层油温超出允许值时，发出报警信号；根据上层油温的范围，自动地启、停辅助冷却器；当变压器冷却器全停，上层油温超过允许值时，延时将变压器从系统中切除。

2. 允许温升

(1) 温升：变压器上层油温与周围环境温度的差值。

(2) 允许温升：温升的极限值（允许值）。

(3) A 级绝缘的油浸式变压器，周围环境温度为 +40 ℃时，上层油的允许温升值规定如下：

①油浸自冷或风冷变压器，在额定负荷下，上层油温升不超过 55 ℃。

②强迫油循环风冷变压器，在额定负荷下，上层油温升不超过 45 ℃。

③强迫油循环水冷变压器，冷却介质最高温度为 +30 ℃时，在额定负荷下运行，上层油温升不超过 40 ℃。

运行中的变压器，不仅要监视上层油温，而且要监视上层油的温升。

例如：周围空气温度为 20 ℃，上层油温为 75 ℃，则上层油温升为 75 ℃ − 20 ℃ = 55 ℃，未超过允许值 55 ℃，且上层油温也未超过允许值 85 ℃，这台变压器运行是正常的。

例如：变压器周围空气温度为 0 ℃，上层油温为 60 ℃（未超过允许值 85 ℃），但上层油温升为 60 ℃ − 0 ℃ = 60 ℃ > 55 ℃，故应迅速采取措施，使温升降低到允许值以下。

4.2.2.2 变压器的允许过负荷

1. 正常周期性过负荷

变压器在额定条件下或在周期性负荷中运行，某段时间环境温度较高或超过额定电流。

2. 长期急救周期性过负荷

要求变压器长时间在环境温度较高，或超过额定电流下运行。这种负荷方式可能持续几星期或几个月。

3. 短期急救过负荷

变压器短时间大幅度超额定电流运行，就是所说的事故过负荷。

4.2.2.3 变压器运行的允许电压

1. 外加电压过高的影响

如果忽略变压器的内部阻抗压降，可认为变压器的电源电压即一次电压 $U_1 = E_1 = 4.44fN_1\Phi_m$，若频率 f、N_1 均不变，电源电压 U_1 升高→磁通 Φ_m 增加→励磁电流 I_m 增加。变压器的励磁电流增大后，会使变压器的铁芯损耗增大而过热。同时，变压器的励磁电流是无功电流，因此励磁电流的增加会使无功功率增加。由于变压器的容量 S 是一定的，当无功功率 Q 增加时，相应地有功功率 P 会减少。因此，电源电压升高以后，变压器允许通过的有功功率将会降低。

2. 变压器的电源电压升高危害

(1)缩短使用寿命。电压升至1.1倍额定电压时,空载电流和空载损耗会增加很多,使铁芯表面温度显著升高而过热,会使油和铁芯的绝缘老化加速,缩短设备寿命。

(2)增大谐波分量。变压器的电源电压升高后,磁通增大,会使铁芯饱和,从而使变压器的电压和磁通波形畸变。电压畸变后,电压波形中的高次谐波分量也将随之加大。高次谐波使电压畸变而产生尖峰波对用电设备有很大的破坏性,如:①引起用户的电流波形畸变,增加电机和线路的附加损耗;②可能使系统中产生谐振过电压,从而使电气设备的绝缘遭到破坏;③高次谐波会干扰附近的通信线路。

变压器允许电压的规定:运行中的变压器,正常电压不得超过额定电压的 ±5%,最高不得超过额定电压的10%。

变压器的过电压有大气过电压和操作过电压两类。其中,大气过电压包括直击雷过电压、感应过电压、反击过电压,内部过电压分为操作过电压和谐振过电压两种。操作过电压包括切除空载长线路过电压、操作感应负荷过电压(切除空载变压器等)、操作电容器组过电压、电弧接地过电压等,谐振过电压包括铁磁谐振过电压、参数谐振过电压、线性谐振过电压。

操作过电压的数值一般为额定电压的 2 ~4.5 倍,而大气过电压则可达额定电压的 8 ~12 倍,而变压器设计时绝缘强度一般按 2.5 倍额定电压承受力考虑。为了防止过电压损坏变压器,首先安装避雷器来限制过电压的幅值,其次在 110 kV 及以上变压器上加装静电屏、静电极等,以改善起始电压和最终电压分布,从而对变压器绝缘起到保护作用。

4.2.2.4 冷却装置的运行方式

1. 变压器的冷却方式

1)油浸自冷

油浸自冷即为油在油箱内自然循环,将热量带到油箱壁,由其周围空气对流传导进行冷却。变压器运行时,绕组和铁芯由于损耗产生的热量使油的温度升高、体积膨胀、密度减小,油自然向上流动,上层热油流经散热器冷却后,因密度增大而下降,于是形成了油在油箱和散热器间的自然循环流动,通过油箱壁和散热器散热而得到冷却。

2)油浸风冷

在油浸自冷的基础上,在散热器上加装了风扇,风扇将周围空气吹向散热器,加速散热器中油的冷却,使变压器油温迅速降低。小容量或较小容量的变压器一般采用油浸自冷或油浸风冷冷却方式。加装风冷后,可使变压器容量增加 30% ~35%。

油浸风冷变压器通风控制电路如图 4-11 所示。

(1)工作原理:

当变压器油温超过 55 ℃时,其温度继电器动合触点 KT-55 ℃闭合,启动接触器KM。当温度低于 45 ℃时,动合触点 KT-45 ℃闭合,将接触器 KM 断开。变压器需按负荷电流启动,时间继电器 1KT 和电流继电器 KA 回路通,中间继电器 KC 得电,最后将接触器 KM 启动。

(2)投、切的原则:

上层油温在 45 ℃以下时,冷却风扇不启动,变压器无风扇运行;上层油温在 55 ℃及

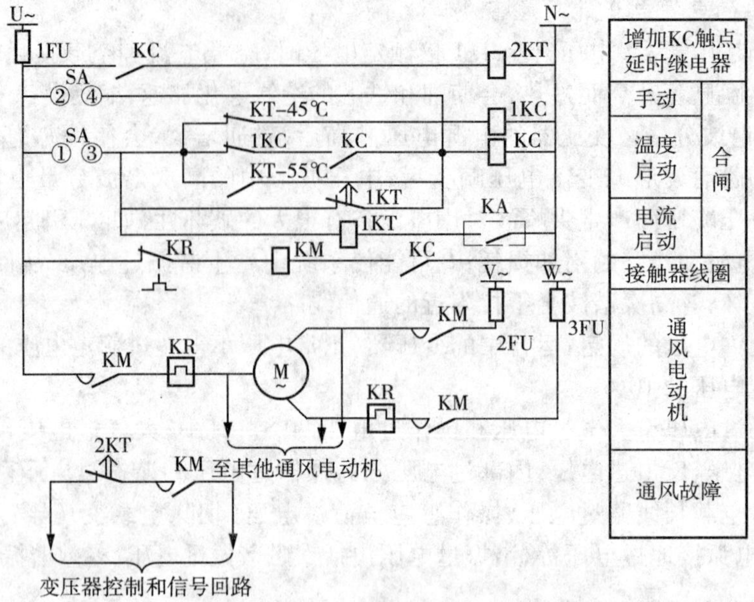

图 4-11　油浸风冷变压器通风控制电路

以上时，冷却风扇自动投入，低于 45 ℃，风扇自动停止运行；变压器负荷在额定容量的 70% 及以上，冷却风扇必须投入运行。依据上述冷却风扇的启、停原则，对风扇实行自动或手动控制。

3）强迫油循环风冷

在油浸风冷的基础上，加装了潜油泵，用潜油泵加强油在油箱和散热器之间的循环，使油得到更好的冷却效果。

其冷却过程如下：油箱上层热油在潜油泵作用下，经上蝶阀进入上油室，经散热器进入下油室，经过滤油室、潜油泵，冷油经下蝶阀进入油箱的底部。如此不断循环，使绕组、铁芯得到冷却。

4）强迫油循环水冷

强迫油循环水冷冷却过程：变压器油箱的上层油由潜油泵抽出，经冷油器冷却后，再进入变压器油箱的底部，如此反复循环，使变压器的铁芯和绕组得到冷却。在冷油器中，冷却水管内通冷水，管外流过热油，冷却水将油的热量带走，使热油得到冷却。

大容量变压器一般都采用强迫油循环风冷或水冷冷却方式。采用强迫油循环冷却方式，若把油的循环速度提高 3 倍，则变压器的容量可增加 30%。

5）强迫油循环导向冷却

所谓“导向”，是指经过变压器外部冷却器冷却后的冷油由潜油泵送回变压器油箱后，在变压器油箱内是按给定的路径流动的。为此，在变压器器身底部夹件两侧，各装有一根与外部冷却管道相通的钢管，冷油由此流入，再由管子分几路穿过绕组下面的支持平面，往上流经铁芯内的冷却油道及绕组内的油道，使冷油与发热部件充分接触，更有效地带走热量，提高铁芯和绕组的冷却效果。巨型变压器常采用强迫油循环导向冷却方式。

6)风机冷却

风机冷却一般适用于室内干式电力变压器。

2. 冷却器运行方式

(1)油浸风冷变压器在风扇停止工作时允许的负载和运行时间应遵守制造厂规定。油浸风冷变压器当上层油温不超过65 ℃时,允许不开风扇带额定负载运行。

(2)强迫油循环变压器运行时,必须投入冷却器,并根据负载情况决定投入冷却器的台数。在空载和轻载时不应投入过多的冷却器。按温度或负载投切的辅助冷却器及备用冷却器各置1组并启用。变压器停运时应先停变压器,冷却装置需继续运行一段时间待油温不再上升后再停。

(3)强迫油循环冷却器必须有两路电源,且可自动切换,同时当工作电源故障时,自动启动备用电源并发出音响及灯光信号。为提高风冷自动装置的运行可靠性,要求对风冷电源及冷却器的自动切换功能定期进行试验。

(4)风扇、水泵及油泵的附属电动机应有过负荷、短路及断相保护,应有监视油泵电机旋转方向的装置。

(5)水冷却器的油泵应装在冷却器的进油侧,并保证在任何情况下冷却器中的油压大于水压0.05 MPa,以防止万一产生泄漏时,水不致进入变压器内。冷却器出水侧应有放水旋塞,在变压器停运时,将水放掉,防止冬天水结成冰胀破油管。

(6)强迫油循环风冷变压器运行中,当冷却系统(指油泵、风扇、电源等)发生故障,冷却器全部停止工作时,允许在额定负荷下运行20 min。20 min后上层油温尚未达到75 ℃,则允许继续运行到上层油温上升到75 ℃。但切除全部冷却装置后变压器的最长运行时间在任何情况下不得超过1 h。

(7)干式变压器的通风良好,温控装置的电源引至与变压器低压侧直接连接的母排上,并根据应急使用的重复性采用自动切换的双路电源系统供电。

任务3　变压器的投运检查和正常运行时的操作、监视与维护

4.2.3.1　变压器投运前的准备工作

1. 验收项目

(1)变压器本体无缺陷,无渗漏油和油漆脱落等现象。

(2)变压器绝缘试验合格。

常用的试验项目有绝缘电阻(R_{60})、吸收比(R_{60}/R_{15})、泄漏电流(I_s)、介质损耗($\tan\delta$)和交流耐压(U)等。

①测试绝缘电阻对A级绝缘物的整体或部分受潮、表面脏污以及有无放电或击穿痕迹的贯通性缺陷具有一定的灵敏性。

②A级绝缘物的吸收现象能够在一定程度上反映出绝缘受潮现象,要求$R_{60}/R_{15}>1.3$(温度在10~30 ℃时)合格。

③泄漏电流试验对绝缘物施加了较高的直流电压,此种试验对发现变压器的整体绝缘缺陷十分有效。

④在一定电压与频率下,介质损耗能反映出A级绝缘物的总体状况。

⑤交流耐压试验对考核变压器主绝缘强度，特别是发现主绝缘的局部缺陷有决定性的作用。

(3)各部分油位正常，各阀门的开闭位置应正确。油的简化试验和绝缘强度试验应合格。

(4)变压器的外壳应有良好的接地装置，接地电阻应合格。

(5)各侧分接开关位置应符合电网运行要求，有载调压装置、电动手动操作装置均应正常，指标指示(包括控制盘上的指示)和实际位置应相符。

(6)基础牢固稳定，轱辘应有可靠的制动装置。

(7)保护测量信号及控制回路的接线正确，各种保护均应进行实际传动试验，动作应正确，定值应符合电网运行要求。保护连接片(压板)应在投入运行位置。

(8)冷却风扇通电试运行良好，风扇自启动装置定值应正确，并进行实际传动。

(9)呼吸器应装有合格的干燥剂，检查应无堵塞现象。

(10)主变压器引线对地和线间距离应合格。各部导线接头应紧固良好，并贴有试温蜡片。

(11)变压器的防雷保护应符合规程要求。

(12)防爆管内部无存油，玻璃应完好，其呼吸小孔螺线位置应正确。

(13)变压器的安装坡度应合格。

(14)变压器的相位和接线组别应能满足电网运行要求。变压器的二、三次侧可能和其他电源并列运行时，应进行核相工作，相色漆应标示正确、明显。

(15)温度表及测温回路完整良好。

(16)套管油封的放油小阀门和气体继电器放气阀门应无堵塞现象。

(17)变压器上应无遗留物，邻近的临时设施应拆除，永久设施应布置完毕并清扫现场。

2. 检查冷却装置并投入运行

(1)检查项目包括：

①测量冷却装置电机的绝缘电阻应合格。

②检查每组冷却器进出油蝶阀在开启位置。

③潜油泵转向正确，运行中无异声和明显振动，电机温升正常。

④油流继电器动作正常，风扇电动机转向正确，运行中无异声和明显振动，电机温升正常。

⑤冷却器组控制箱内各分路电磁开关合闸正常，无明显噪声和跳跃现象，冷却系统总控制箱内开关状态和信号正确。变压器开启部分冷却器时，应监控上层油温和温升不超过规定值。

☆变压器运行前，先投变压器还是冷却器？

在变压器投入运行前，将全部冷却装置投入运行，以排除残余空气。运转 1 h 后，再按规定将辅助和备用冷却器停运。当变压器长期低负荷运行时，可以切除部分冷却器。

(2)投入变压器冷却装置时应注意以下事项：

①在投入强迫油循环风冷装置时，严禁先启动潜油泵，后开启该组散热器上下联管的

阀门。停止强迫油循环风冷装置时，严禁在未停下潜油泵的情况下，关闭其阀门。这是为了防止将大量空气抽入变压器本体内或损坏潜油泵轴承及叶轮。

②在投入强迫油循环水冷装置时，必须先启动潜油泵，待油压上升后才可开启冷却水门，且保持油压高于水压，以免冷却器泄漏时水渗入油中，影响油的绝缘性能，进而造成变压器的故障。冷却装置停用时的操作顺序相反。

③若在变压器运行中投入某组强油风冷装置，为防止瓦斯保护误动作，应将其短时退出运行(重瓦斯保护由跳闸改投信号)。

3. 变压器投运前的冲击试验

变压器正式运行前要做空载合闸冲击试验。做空载合闸冲击试验的理由是：

(1)拉开空载变压器时，有可能产生操作过电压。在电力系统中性点不接地或经消弧线圈接地时，过电压幅值可达4~4.5倍相电压；在中性点直接接地时，过电压幅值可达3倍相电压。为了检验变压器绝缘强度能承受全电压或操作过电压的作用，故在变压器投入运行前，需做冲击试验。

(2)带电投入空载变压器时，会产生励磁涌流，其值可达6~8倍额定电流。励磁涌流开始衰减较快，一般经0.5~1 s后即减到0.25~0.5倍额定电流值，但全部衰减完毕时间较长，大容量变压器可达几十秒。由于励磁涌流会产生很大电动力，为了考核变压器机械强度，同时考核励磁涌流衰减初期能否造成继电保护误动，故需做冲击试验。

每次冲击试验后，都要检查变压器有无异常状况。

变压器送电前其继电保护装置与测量仪表应全部投入。

4.2.3.2 变压器的正常运行操作

1. 变压器停送电操作原则

(1)变压器的停送电必须使用断路器而不能用隔离开关，对空载变压器也如此。若高压侧无断路器，则操作如下：

当变压器回路无断路器时，允许用隔离开关拉合空载电流不超过2A的变压器。切断20 kV及以上的变压器空载电流，必须用带有消弧角和机械传动装置并装在室外的三联隔离开关。对10 kV/320 kVA及以下、35 kV/1 000 kVA及以下的变压器，可用隔离开关分合其空载电流。如400 kVA以下的配电变压器，就无高压断路器，其配电变压器的空载电流可用跌落保险来分合。该跌落保险短路时起短路保护作用；正常操作时，起隔离开关的倒闸操作作用。分闸时，先分中间相(V相)，后拉两边相(U、W相)；如遇风，逆风顺序拉开，合闸则相反。

(2)变压器停送电操作顺序。变压器送电时，先送电源侧，后送负荷侧，停电时与上述顺序相反。

这是因为，按上述顺序送电时，若变压器有故障，可由保护装置动作于断路器跳闸，切除故障，便于按送电范围检查故障和对故障的判断及处理。按上述顺序停电还可防止变压器反充电。否则，先停电源侧，加大了电源侧断路器切断电路的负担。同时，遇变压器内部故障，可能造成保护误动或拒动，延长故障切除时间或扩大停电范围。

(3)对于发变组单元接线的变压器，送电时尽可能安排由零起升压到额定值，再与系统并列。停电时顺序相反。

(4)变压器的投入或停用,均应先合上各侧中性点接地隔离开关。

中性点接地隔离开关合上的目的,一方面可防止单相接地产生过电压和避免产生某些操作过电压,保护变压器绕组不因承受过电压而损坏;另一方面,中性点接地隔离开关合上后,当发生单相接地时就是单相短路,有接地故障电流流过变压器,使变压器差动保护和零序电流保护动作,将故障点切除。故变压器投入或停用前,中性点接地隔离开关必须先合上。如果变压器为充电状态,中性点接地隔离开关也应在合闸位置。

(5)两台变压器并联运行时,中性点接地隔离开关的切换原则是先合后拉。

①合上备用接地点隔离开关。

②拉开工作接地点隔离开关。

③将零序保护切换到中性点接地的变压器上去。

(6)变压器的保护使用原则。送电前,变压器的保护应全部投入(对可能误动或未试验合格的保护应经批准停用),禁止将无保护的变压器送电和运行。变压器停电后,在不影响备用设备或运行设备的情况下,或现场无继电保护班工作时,保护的连接片可不用断开。需要断开的保护连接片,应在交接班记录簿上详细记录。

(7)变压器分接开关的切换。分接开关用于变压器的调压。通过切换分接开关,改变变压器分接头位置(即改变变比),达到调压的目的。

(8)投入双绕组变压器时,应先合电源侧,后合负荷侧,切除相反。

(9)投入三绕组升压变压器时,应先合低压侧,后合中压侧,再合高压侧,切除相反。

(10)投入三绕组降压变压器时,应先合高压侧,后合中压侧,再合低压侧,切除相反。

说明:对(8)、(9)、(10)项,变压器拉合顺序根据现场不同情况也有个别的不同规定。

(11)倒换变压器时,必须证实并入的变压器已带负荷,方准停下运行的变压器。

备用变压器送电时,如果遇到断路器的传动机构开焊、拉杆脱落或"漏"合隔离开关,虽然断路器合闸后红灯亮,但变压器一次回路实际上并未接通。此时如不检查并入的变压器是否已带负荷,就草率把运行变压器停电,往往会引起停电事故。因此,倒换变压器时,只要多看一眼,检查一下并入的变压器已带负荷电流,再操作,就可以避免发生事故。

2. 变压器并列运行原则

变压器并列运行的优点是供电可靠性、经济性提高,备用容量减少和初期投资减少。

变压器并列运行时,必须满足的条件如下。

1)接线组别相同

如果两台变压器的接线组别不一致,在并列变压器绕组的二次回路中,将会出现相当大的电压差,由于变压器的内阻抗很小,将会产生数倍于额定电流的循环电流,这个循环电流会使变压器烧毁。所以,接线组别不同的变压器是绝对不允许并列运行的,变压器的核相就是保证接线组别是否相同的手段。

2)变比差值不得超过 ±0.5%

如果两台变压器的变比不相同,则二次电压的大小也不一样,在二次绕组回路中会产生环流。这个环流不仅占据变压器容量,增加变压器的损耗,使变压器所能输出的容量减小,而且当变比相差很大时,循环电流可能破坏变压器的正常工作。所以,变压器并列运行的变比差值不得超过 ±0.5%。

3)短路电压值相差不得超过±10%

由于变压器并列运行的负荷分配与变压器的短路电压成反比,如果两台变压器的短路电压不等,则当短路电压小的变压器所带的负荷满载时,短路电压大的变压器欠载。因此,规定其短路电压值相差不得超过±10%。

4)两台变压器的容量比不宜超过3∶1

一般运行规程还规定两台并列运行的变压器的容量比不宜超过3∶1,这是因为不同容量的变压器短路电压值相差较大时,负荷分配极不平衡,运行很不经济。同时,在运行方式改变或事故检修时,容量小的变压器将起不到备用的作用。

4.2.3.3 **变压器正常运行的监视与维护**

(1)安装在发电厂和变电所内的变压器,以及无人值班变电所内有远方监测装置的变压器,应经常监视仪表的指示,及时掌握变压器运行情况。监视仪表的抄表次数由现场规程规定。当变压器超过额定电流运行时,应作好记录。

对无人值班变电所的变压器,应在每次定期检查时记录其电压、电流和顶层油温,以及曾达到的最高顶层油温等。对配电变压器,应在最大负载期间测量三相电流,并保持基本平衡,测量周期由现场规程规定。

(2)变压器的日常巡视检查,可参照下列规定:

①发电厂和变电所内的变压器,每天至少1次,每周至少进行1次夜间巡视。

②无人值班变电所内容量为3 150 kVA及以上的变压器,每10天至少1次,3 150 kVA以下的每月至少1次。

③2 500 kVA及以下的配电变压器,装于室内的每月至少1次,户外(包括郊区及农村)的每季度至少1次。

(3)在下列情况下应对变压器进行特殊巡视检查,增加巡视检查次数:

①新设备或经过检修、改造的变压器在投运72 h内。

②有严重缺陷时。

③气象突变(如大风、大雾、大雪、冰雹、寒潮等)时。

④雷雨季节特别是雷雨后。

⑤高温季节、高峰负载期间。

⑥变压器急救负载运行时。

(4)变压器日常巡视检查一般包括以下内容:

①变压器的油温和温度计应正常,储油柜的油位应与温度相对应,各部位无渗油、漏油。

②套管油位应正常,套管外部无破损裂纹、无油污、无放电痕迹及异常现象。

③变压器声响正常。

④各冷却器手感温度应相近,风扇、油泵、水泵运转正常,油流继电器工作正常。

⑤水冷却器的油压应大于水压(制造厂另有规定者除外)。

⑥吸湿器完好,吸附剂干燥。

⑦引线接头、电缆、母线应无发热迹象。

⑧压力释放器或安全气道及防爆膜应完好无损。

⑨有载分接开关的分接位置及电源指示应正常。
⑩气体继电器内应无气体。
⑪各控制箱和二次端子箱应关严,无受潮。
(5)应对变压器作定期检查(检查周期由现场规程规定),并增加以下检查内容:
①外壳及箱沿应无异常发热。
②各部位的接地应完好,必要时应测量铁芯和夹件的接地电流。
③油循环冷却的变压器应作冷却装置的自动切换试验。
④从水冷却器旋塞放水检查应无油迹。
⑤有载调压装置的动作情况应正常。
⑥各种标志应齐全明显。
⑦各种保护装置应齐全、良好。
⑧各种温度计应在检测周期内,超温信号应正确可靠。
⑨消防设施应齐全完好。
⑩室(洞)内变压器通风设备应完好。
⑪储油池和排油设施应保持良好状态。
(6)下述维护项目的周期,可根据具体情况在现场规程中规定:
①消除储油柜集污器内的积水和污物。
②清洗被污物堵塞影响散热的冷却器。
③换吸湿器和净油器内的吸附剂。
④变压器的外部(包括套管)清扫。
⑤各种控制箱和二次回路的检查和清扫。

任务4 变压器的异常运行

变压器出现异常情况,可能是将要发生事故的先兆,内部故障多是由轻微发展到严重的。值班人员应随时对变压器运行的情况进行监视与检查。通过对变压器的声音、振动、气味、油色、温度及外部状况等现象的变化,来判断有无异常,以便采取相应的措施。

4.2.4.1 声音异常

正常变压器的声音,应是均匀的“嗡嗡”声。如果声音不均匀或有其他异声,都属不正常,但不一定都是内部有异常。

(1)内部有较高且沉重的“嗡嗡”声。可能是过负荷运行,由于电流大,铁芯振动力增大引起。可根据变压器负荷情况鉴定,并加强监视。

(2)内部有短时的“哇哇”声。一种可能是电网中发生过电压,如中性点不接地系统,有单相接地故障或铁磁谐振;另一种可能是大动力设备(如电弧炉、大电机等)启动,负荷突然变大,因高次谐波作用产生。可以参考当时有无接地信号,电压、电流表指示情况,有无负荷的摆动来判定。

(3)内部有尖细的“哼哼”声。一种可能是系统中有铁磁谐振现象,另一种可能是系统中有一相断线或单相接地故障。“哼哼”声会忽细忽粗。可参考当时有无接地信号、电压表指示、绝缘监察电压表指示情况来判断。

(4)系统内发生短路或接地故障,内部通过短路电流,发出很大的噪声。

(5)内部有“吱吱”或“噼啪”响声,可能是内部有放电故障。如铁芯接触不良,分接开关接触不良,内部引线对外壳放电等。

(6)内部个别零件松动,发出异声。如负荷突变,个别零件松动,内部有“叮叮”声;轻负载时,某些离开叠层的硅钢片振动发出“嘤嘤”声;铁芯松动,内部有强烈而不均匀的噪声。

以上几种情况,多由外部因素引起,后两种则可能由内部因素造成。

☆变压器运行中的异常声音较复杂,检查时,要注意以下几点:

(1)观察电压、电流表指示变化,保护、信号装置动作是否同时发生。

(2)用手或绝缘杆敲击油箱外部附件或引线,判断响声是否来自外部设备。借助于音听棒,细听内部声音变化。

(3)在几个不同的位置听响声,并注意排除变压器以外的其他声音。

(4)不同天气条件下,或不同时间(白天或夜间)、不同运行状态下(负载或操作)巡视检查,仔细观察和听其响声。

(5)注意产生异声的同时,有关系统、设备的运行状况和保护及信号动作情况。

(6)必要时取油样做色谱分析,检测内部有无过热、局部放电等潜伏性故障。

☆取样操作时的注意事项如下:

(1)取油样部位。应由变压器底部的放油阀取样。不宜在其他地方取样,因为这些部位易受其他因素的影响。

(2)取样方法。要尽量避免所取油样与空气接触。在放油阀的出油小孔处接一根塑料软管放出一段死油区,将管引至油样瓶底并溢出瓶口为止。

(3)取样容器。一般用棕色小口玻璃磨口瓶,并要密封好。使用前要洗净烘干。油样要注满瓶,不留空间,以免油中溶解气体挥发。由于温度的变化,瓶中油样会热胀冷缩,热胀时往往胀破容器,收缩时便造成真空逸出气体。因此,我国 SD 187—86 推荐使用 100 mL 热玻璃注射器作为取样容器。

(4)油样运输保存。运输及保存过程中应尽量避免剧烈震动,以免溶解度小的气体(如氢甲烷、一氧化碳)扩散掉。在保存油样过程中,有的气体会因化学反应而增减,阳光对油样内化学反应也会有影响。因此,应将油样避光保存,并应尽可能在取样后立即进行试验(不超过 4 天),以保证分析的准确性。

4.2.4.2 外形异常

变压器运行中外形异常有以下几方面。

1. 防爆管防爆膜破裂

防爆管防爆膜破裂,引起水和潮气进入变压器内,将导致绝缘油劣化及变压器的绝缘强度降低,原因有以下几方面:

(1)防爆膜材质与玻璃选择、处理不当。如制材未经压力试验、玻璃未经退火处理,则防爆膜受到不均匀内应力的作用导致破裂。

(2)防爆膜及法兰加工不精密、不平整,装置结构不合理,检修人员安装防爆膜时工艺不符合要求,紧固螺丝受力不匀,接触面无弹性等原因,也会造成防爆膜破裂。

(3)呼吸器堵塞或抽真空充氮情况下不慎受压力而破损。

(4)受外力或自然灾害袭击。

(5)变压器发生内部短路故障。

2. 压力释放阀的异常

目前,大中型变压器已大多应用压力释放阀(简称释放器)代替老式的防爆管装置。当变压器油压超过一定标准时,释放器便开始动作,进行溢油或喷油,从而减小油压,保护了油箱。如果变压器油量过多、气温又高而造成非内部故障的溢油现象,溢出过多的油后释放器会自动复位,仍起到密封的作用。释放器备有信号报警,以便于运行人员迅速发现异常并进行处理。

3. 套管闪络放电

套管闪络放电会造成发热、绝缘老化受损,甚至引起爆炸,常见原因如下:

(1)套管表面过脏,如沾染粉尘、油污等,在阴雨天就会使套管表面绝缘强度降低,容易发生闪络事故。若套管表面不光洁,在运行中电场不均匀则会发生放电现象。

(2)系统出现内部或外部过电压,套管内存隐患而导致击穿。

4. 渗漏油

(1)阀门系统。蝶阀胶垫材质不好、安装不良、放油阀精度不高、螺纹处渗漏。

(2)胶垫。接线桩头、调压套管基座及电流互感器出线桩头处胶垫不密封、无弹性,引起渗漏。运行时间过长、温度过高、振动等原因造成胶垫老化、龟裂、失去弹性,或本身材料质量不符合要求、位置不对称偏心等,均可能引起渗漏。

(3)绝缘子破裂渗漏油。

(4)高压套管升高座的法兰、油箱外表、油箱底盘法兰等焊接处设计制造不良,有的法兰制造和加工粗糙形成渗漏油。

4.2.4.3 颜色、气味异常

变压器的许多故障常伴有过热现象,使得某些局部过热,进而引起一些有关部件的颜色变化或产生特殊臭味。

(1)引线、线卡处过热引起异常。套管接线端部坚固部件松动或引线头线鼻子滑牙等,导致接触面发生严重氧化,使接触处过热,颜色变暗失去光泽,表面镀层也遭到破坏。连接接头部分温度一般不宜超过 70 ℃,可用示温蜡片检查(一般黄色蜡片熔点为 60 ℃,绿色为 70 ℃,红色为 80 ℃),也可用红外线测温仪测量,温度很高时会发出焦臭味。

(2)套管、绝缘子有脏污或损伤严重时,发生放电、闪络,产生一种特殊的臭氧味。

(3)呼吸器硅胶变色。正常干燥时一般为蓝色,其作用为吸附空气中进入油枕胶袋、隔膜中的潮气。当硅胶由蓝色变为粉红色时,表明受潮而且硅胶已失效。一般粉红色部分超过 2/3 时,应予更换。硅胶变色过快的原因主要有:

①长期处于阴雨天气,空气中湿度较大,吸湿变色过快。

②硅胶玻璃罩罐有裂纹破损。

③呼吸器容量过小。

④呼吸器下部油封罩内无油或油位太低起不到良好的油封作用,使湿空气未经油封过滤而直接进入硅胶罐内。

⑤呼吸器安装不良,如硅胶垫龟裂不合格,螺丝松动,安装不密封而受潮。

(4)附件电源线或二次线的老化损伤,造成短路产生异常气味。

(5)冷却器中电机短路、分控制箱内接触器、热继电器过热烧损等产生焦臭味。

(6)气体继电器内有气体。正常情况下,变压器气体继电器内充满了变压器油,若气体继电器内有气体聚积,到一定程度时,会造成轻瓦斯信号动作。严重故障时,油流及气体冲动挡板会造成重瓦斯跳闸。在此情况下应采取气、油样进行检查分析。常见气体特征有以下几种:

①无色、无味、不可燃气体是空气。

②黄色、可燃的气体是木质故障产生的气体。

③淡灰色、可燃并有臭味的气体是纸质故障产生的气体。

④灰黑色、易燃的气体是铁质故障使绝缘油分解产生的气体。

4.2.4.4 油温异常

上层油温异常升高,相同负荷和冷却条件下油温比平时升高。若发现变压器上层油温超出允许值,温升超过规定,或相同运行条件下上层油温比平时升高 10 ℃以上,或负荷不变但油温不断上升,应认为变压器温度属异常,应查明原因。

(1)检查散热器是否正常,各散热器阀门是否全部都打开,温度是否一致。

(2)检查冷却器风冷系统、油循环系统有无异常,风扇转向是否正确。

散热器工作状态与变压器上层油温有直接关系。各散热器的外表温度若不一致,说明温度较低的散热器组油不循环散热(阀门可能未打开或油不转等)。散热器的各散热管之间,被油垢、脏物堵塞或覆盖都会影响散热。如某变电站曾因强油风冷散热器的散热管糊满被风扇打死的飞虫而影响散热。

(3)检查负荷、气温有无变化。

若以上无问题,可能属变压器内部有问题。但应注意温度计指示是否正确,有无大的误差或失灵。用几个不同安装点的温度计、压力温度计和水银温度计及远方测温表计相互参照比较,才能正确判别。

4.2.4.5 油位异常

变压器储油柜的油位表,一般标有 -30 ℃、+20 ℃、+40 ℃三条线。根据这三条标志线与变压器负载变化时相对应的油位高低,可以判断是否需要加油或放油。

这三条标志线的含义分别是指变压器安装地点在环境最低温度为 -30 ℃时变压器空载运行的油位刻度线和环境平均温度为 +20 ℃、环境最高温度为 +40 ℃时变压器满载运行的油位刻度线。

常见的变压器油位异常有以下几种情况。

1. 假油位

若变压器温度变化正常,而变压器油标管内的油位变化不正常或不变,则说明是假油位。

运行中出现假油位的原因有:

(1)油标管堵塞。

(2)油枕呼吸器堵塞。

(3)防爆管通气孔堵塞。

(4)变压器油枕内存有一定数量的空气。

2. 油面过低

油面过低视为异常。因其低到一定限度时,会造成轻瓦斯保护动作;严重缺油时,变压器内部绕组暴露,会使其绝缘降低,甚至造成因绝缘散热不良而引起损坏事故。处于备用的变压器如严重缺油,也会因吸潮而使其绝缘降低。

造成变压器油面过低或严重缺油的原因有:

(1)变压器严重渗油。

(2)修试人员因工作需要多次放油后未作补充。

(3)气温过低且油量不足,或油枕容积偏小,不能满足运行要求。

4.2.4.6 油色异常

变压器油有新油和运行油两种。新油呈亮黄色或天蓝色且透明,运行油呈透明微黄色。运行值班人员巡视时,发现变压器油位计中油的颜色发生变化,应取样分析化验。当化验发现油内含有碳粒和水分、酸价增高、闪光点降低、绝缘强度降低时,说明油质已急剧下降,容易发生内部绕组对变压器外壳的击穿事故。此时,该变压器应停止运行。若运行中变压器油色骤然变化,油内出现碳质并有其他不正常现象,应立即停用该变压器。

4.2.4.7 变压器过负荷

运行中的变压器过负荷时,警铃响,发"过负荷"和"温度高"光字牌信号,可能出现电流表指示超过额定值,有功、无功表指示增大。运行值班人员发现上述现象时,按下述原则处理:

(1)停止音响报警,汇报值班长、值长,并作好记录。

(2)及时调整运行方式,调整负荷分配,备用变压器应立即投入。

(3)属正常过负荷或事故过负荷时,按过负荷倍数确定允许运行时间。若超过允许运行时间,应立即减负荷,并加强对变压器温度的监视。

(4)过负荷运行时间内,应对变压器及其相关系统进行全面检查,发现异常应立即处理。

任务5 变压器的故障处理

4.2.5.1 变压器的轻瓦斯保护动作处理

瓦斯保护是变压器的主保护之一,它能反映变压器发生的各种故障。变压器发生故障,一般是由较轻微,逐步发展为严重故障的。所以,大部分是先发出轻瓦斯动作信号,然后发展到重瓦斯动作跳闸。

轻瓦斯动作报出信号,不一定都是变压器内部故障。所以,处理时的重点,应该是正确判断原因。把内部故障当作进入空气去处理,会使变压器损坏程度加重。

1. 原因

(1)变压器内部有较轻微故障,产生气味。

(2)变压器内部进入空气。

例如:变压器加油、滤油、更换净油器内的硅胶、检修散热器或潜油泵等工作后,都可能进入空气;变压器新安装或大修时进入空气,修后未完全排出;运行中可能由于冷却器、潜油泵等密封不严进入空气。

(3)外部发生穿越性短路故障。

(4)油位严重降低至气体继电器以下,使气体继电器动作。

(5)直流多点接地、二次回路短路。例如:气体继电器接线盒进水,电缆长时间受渗出的变压器油的腐蚀,绝缘老化等。

(6)受强烈振动影响。

(7)气体继电器本身问题。例如:轻瓦斯浮子进油、继电器机构失灵。

2. 处理程序

变压器报出轻瓦斯信号,应汇报调度和有关上级,对变压器做外部检查并取气分析。根据检查和取气分析结果,采取相应的措施。

4.2.5.2 变压器的重瓦斯保护动作处理

变压器的重瓦斯保护,反映变压器本体内部的故障。因此,变压器重瓦斯保护动作跳闸后,应当汇报调度,只要其他设备的保护没有动作,就可以先投入备用变压器或备用电源,恢复对全部或部分用户的供电,然后检查处理故障变压器的问题。造成变压器重瓦斯保护动作的原因有以下几个方面:

(1)变压器内部故障。

(2)二次回路问题导致误动作。

(3)某些情况下,油枕内部胶囊安装不良,造成呼吸器堵塞。

(4)外部发生穿越性短路故障(浮筒式气体继电器可能误动)。

(5)变压器附近有较强的震动。

4.2.5.3 变压器的差动保护动作处理

变压器差动保护的保护范围,是变压器各侧电流互感器之间的电气部分。变压器差动保护能迅速而有选择地切除保护范围内的故障。只要接线正确并调整得当,外部故障时不会误动。差动保护对变压器内部不严重的匝间短路,反应不够灵敏。

1. 差动保护动作反映的故障

(1)变压器引出线及内部线圈的相间短路。

(2)严重的线圈层间短路故障。

(3)大电流接地系统中,线圈及引出线的接地故障。

2. 差动保护动作跳闸的原因

(1)变压器及其套管引出线、各侧差动电流互感器以内的一次设备故障。

(2)保护二次回路问题导致误动作。

(3)差动电流互感器二次开路或短路。

(4)变压器内部故障。

4.2.5.4 变压器过流等后备保护动作跳闸的处理

变压器过流等后备保护动作跳闸,主保护未动作,一般应视为外部(差动保护范围以外)故障,即母线故障或线路故障越级使变压器后备保护动作跳闸。变压器本体发生故障,由过流等后备保护动作跳闸的概率很小。变压器过流等后备保护动作跳闸时,要正确判断故障范围和停电范围,必须熟知变压器后备保护的保护范围,动作时跳对应开关。

1. 单侧电源的双绕组降压变压器

后备保护一般装在高压侧,作低压侧母线及各分路的后备保护。动作时,其第一时限跳低压侧母线分段(或母联)开关,第二时限跳变压器两侧开关。

2. 单侧电源的三绕组降压变压器

中、低压侧的后备保护,分别对应中、低压侧母线和线路的后备保护。动作时,其第一时限跳本侧母线分段(或母线)开关,第二时限跳变压器本侧(有故障的一侧)开关。高压侧的后备保护,作中、低压侧的总后备保护,又是变压器本体的后备保护,动作时跳变压器三侧开关,其动作时限大于中、低压侧后备保护的第一、二时限。高压侧后备保护动作时,其第一时限跳中压侧(或低压侧)的母线分段(或母联)开关,第二时限跳变压器的中压侧(或低压侧)开关,第三时限跳变压器三侧开关。

3. 多侧电源的三绕组降压变压器

某一侧带有方向的后备保护(如方向零序过流保护、复合电压闭锁方向过流保护等),其保护方向是指向本侧母线。带方向的后备保护和低压侧的后备保护(一般为35 kV及以下),一般作本侧母线及线路的后备保护。动作时,第一时限跳本侧母线分段(或母联)开关,第二时限跳变压器本侧开关。

高、中压侧不带方向的后备保护(如复合电压闭锁过流等),既可以作为各自本侧母线及线路的后备保护,又可以作为变压器及另外两侧的后备保护,动作时跳变压器三侧开关(高、中压侧同时又有带方向的后备保护时)。

变压器后备保护动作单侧跳闸时,跳闸侧一段母线失压。三侧跳闸时,中、低压侧可能各有一段母线失压。

4. 变压器后备保护动作单侧跳闸的处理

变压器中、低压侧,某一侧过流等后备保护动作,单侧跳闸时,跳闸的一侧某段母线失压。其原因为失压的母线上故障或线路故障越级跳闸。其中,线路故障越级跳闸的可能性,要比母线故障大得多。

故障范围的判断:失压的母线上,各分路中有保护信号掉牌时,属线路上发生故障。有保护掉牌的线路上有故障,其保护动作,开关未跳,造成越级跳闸。有保护掉牌的线路上有故障,各分路都没有保护信号掉牌时,有两种可能:一是线路上有故障时,线路保护不动作,造成越级跳闸。二是母线上发生故障,变压器后备保护动作跳闸。母线故障时的故障点,又可以分为能用开关和刀闸隔离的和不能隔离的两种情况。

5. 双绕组变压器过流等后备保护动作跳闸的处理

双绕组变压器后备保护动作跳闸,处理方法和三绕组变压器单侧跳闸时基本相同。只是在检查设备时,还要检查变压器及连接设备,若有故障现象,变压器不能投入运行。如果变压器及连接设备有故障,应检查低压侧母线有无异常,各分路有无保护动作信号,利用备用电源或合上母线分段(或母联)开关,对低压侧母线充电正常以后,依次对各分路送电。

6. 变压器过流等后备保护动作三侧开关跳闸的处理

变压器过流等后备保护动作,三侧开关跳闸,会使中、低压侧各有一段母线失压。只要变压器本体及连接设备无问题,变压器即可投入运行,恢复对无故障设备的供电。在这种情况下,对于故障发生的范围,需要做认真的分析和判断。对失压的中、低压侧母线,判定出某一侧范围内有故障,对另外一侧母线可迅速恢复供电。区分故障的依据为:

(1)某一侧失压的母线上,若有分路开关断不开,这一段母线即属有故障范围。

(2)变压器跳三侧的后备保护动作跳闸,若某一侧开关没有跳开,这一侧失压母线的范围内发生故障的可能较大。

(3)变压器后备保护动作,三侧开关跳闸。若某一侧失压的母线上,有分路保护动作信号掉牌、有电源进线跳闸,或某一侧失压母线的分段(或母联)开关跳闸,该侧失压的母线,多为故障所在范围。

(4)检查设备时,有故障现象的母线,为故障所在范围。

7. 变压器作高压侧母线及线路的后备保护动作跳闸

变压器配置的后备保护,用作高压侧母线及线路的后备保护有高压侧零序保护、方向零序保护、高压侧方向过流保护等。

根据保护的方向和保护范围可以知道,在这种情况下,故障范围是在高压侧母线及线路上。这时,高压侧母线(至少有一段)失压。同时,中、低压侧母线也可能失压。

高压侧母线失压,很可能是发生了系统事故。因此,事故处理应在调度统一指挥下进行。处理方法如下:

(1)断开失压母线上的电容器组开关、有保护信号掉牌的分路开关。有条件时,先恢复站用电。

(2)汇报调度,若变压器的中、低压侧有一段母线失压,应将该变压器各侧开关断开。

(3)投入备用变压器(合上分段或母联开关),对失压的中、低压侧母线及其各分路恢复供电。

(4)无备用变压器时,根据调度命令,可以利用备用电源,恢复中、低压侧母线及其各分路的供电。例如:失压的中压侧母线上有备用电源,先恢复中压侧母线和分路供电后,再恢复变压器中、低压侧运行(高压侧中性点必须接地),对低压侧母线及各分路恢复供电。必须注意备用电源的负荷能力,必要时,可只恢复对重要用户的供电,或根据调度命令,退出因过负荷可能误动作的保护。

(5)检查处理高压侧母线失压事故。其方法和变压器单侧跳闸时基本相同。

(6)高压侧母线恢复运行后,恢复原正常运行方式。

4.2.5.5 变压器有载分接开关故障的处理

1. 油位的异常

对于有载调压变压器,变压器本体油箱里面的油和调压装置油箱里的油,两者是相互隔绝的。所以,它们的油枕也分成相互隔绝的两部分,一部分和变压器本体油箱相通,另一部分和调压装置的油箱相通。

正常运行中变压器本体油箱中的油和调压装置油箱中的油,是绝对不能相混合的。

因为，有载调压分接线开关经常带负荷调压，分接开关在动作过程中，会产生电弧，使油质劣化。两个油箱中的油如果相混，会使变压器本体中油质变坏，绝缘降低，影响变压器的安全运行。

根据以上所述，正常工作变压器的运行监视中，应将变压器本体的油位和调压装置的油位相比较。两者经常保持不通，说明两个油箱、油枕之间的密封良好。当然，如果经常保持变压器本体的油位比调压装置的油位高，则更好。如果发现两部分的油位呈相互接近相等的趋势，或两者已保持相平，应当汇报上级，取油样作色谱分析，以防止内部密封不良，造成两油箱中的油相混合。

2. 调压操作中出现的故障

正常情况下，调压时应采用电动操作。每操作高压按钮一次，只许调节一个挡位。操作时，当调压指示灯亮时，应立即松开使按钮返回。同时，应注意电压表、电流表指示，注意挡位指示变化情况。这样可以及时发现异常，有故障时便于区分判断。一个挡位调整完毕，应稍停 1 min 左右，方可再调至下一挡位。

1）调压操作时变压器输出电压不变化

（1）操作时，变压器输出电压不变化，调压指示灯亮，分接开关挡位指示也不变化，属电动机空转，而操作机构未动作。

处理方法：此情况多发生在检修工作后，忘记把水平蜗轮上的连接套装上，使电动机空转。也可能是频繁多次调压操作，传动部分连接插销脱落。将连接套或插销装好即可继续操作。

（2）操作时，变压器输出电压不变化，调压指示灯不亮，分接开关的挡位指示也不变化，属于无操作电源或控制回路不通。

处理方法：先检查调压操作保险是否熔断或接触不良，若有问题，更换处理后继续调压操作。若无上述问题，应再次操作，观察接触器动作与否，区分故障。若接触器动作，电动机不转，可能是接触器接触不良、卡滞，也可能是电动机问题。测量电动机接线端子上的电压若不正常，属接触器的问题；反之，属电动机有问题。此情况下，若不能自行处理，应汇报上级，由专业人员处理。若接触器不动作，属回路不通，应汇报上级，由专业人员检查处理。

（3）操作时，变压器输出电压不变化，调压指示灯亮，分接开关的挡位指示已变化，说明操作机构已动作，可能属过死点机构（快速机构）问题，选择开关已经动作，但是切换开关未动作。此时应切记，千万不可再次按下调压按钮，否则选择开关拉弧会烧坏。

处理方法：应迅速手动用手柄操作，将机构先恢复到原来的挡位上。汇报调度和上级，按调度和主管领导的命令执行。同时应仔细倾听，调压装置内部有无异常。若有异常，应投入备用变压器或备用电源，将故障变压器停电检修。若无异常，应由专业人员取油样，做色谱分析。

2）一次调压操作连续多挡位调压

出现这种情况时，分接开关可能会一直调到“终点”位置，操作机构实现机械闭锁限位。原因多为接触器保持，接点打不开。不论机构是否调压动作到“终点”位置，应迅速地断开调压电动机的电源(时间应选在1挡位调整的动作完成时,或在“终点”挡位时)。然后使用手柄,手动调压操作,调到适当的挡位,不使变压器输出电压过高或过低。通知检修人员处理接触器不返回的缺陷。同时,应仔细倾听调压装置内部有无异声。若有异声,应投入备用变压器或备用电源,故障变压器停电检修。

4.2.5.6 变压器着火处理

变压器着火的主要原因是:套管破损和闪络,油流出并在顶盖上燃烧;变压器内部故障;外壳或起搏器破裂,使燃烧着的油溢出。发生这些情况时,应立即将变压器各侧断路器和隔离开关拉开,断开冷却器电源,然后进行灭火。灭火时应使用干式二氧化碳、1211灭火器、沙子等灭火。此时还应注意以下几点:

(1)若是变压器顶盖着火,则应打开事故放油闸,将变压器油放至着火处以下。

(2)若是变压器内部故障而着火,则不允许放油,以防变压器发生爆炸。

(3)变压器着火处理时,不论何种原因,应首先拉开断路器。切断电源,停用冷却器,并采取有效措施进行灭火。同时,请求消防部门及上级主管部门协助处理。

4.2.5.7 变压器冷却装置故障的处理

变压器冷却装置的常见故障有冷却装置工作电源全部中断、部分装运装置电源中断、潜油泵故障或风扇故障使部分冷却装置停运、变压器冷却水中断、干式变压器温控装置失灵。当冷却装置故障时,变压器发出“备用冷却器投入”和“冷却器全停”信号。冷却装置故障的一般原因为:

(1)供电电源熔断器熔断或供电电源母线故障。

(2)冷却装置工作电源开关跳闸。

(3)单台冷却器自动开关故障跳闸或潜油泵和风扇的熔断器熔断。

(4)潜油泵、风扇损坏及连接管道漏油。

当冷却系统发生故障时,可能迫使变压器降低负荷运行,严重的可能使变压器停运甚至烧坏变压器。因此,当冷却系统发生故障时,应迅速处理。

对于油浸风冷变压器,当发生风扇电源故障时,应立即调整变压器所带的负荷,使之不超过70%额定容量。若为单台风扇电源故障,可不降低变压器的负荷。

对于强迫油循环风冷变压器,当冷却装置电源全部中断时,应设法于10 min内恢复一路或两路电源。在进行处理期间可适当降低负荷,并对变压器上层油温及油枕、油位严密监视。当冷却装置电源全停时,变压器油温和油位会急剧上升,有可能出现油从油枕中溢出或从防爆管跑油现象。

如果10 min内,冷却装置电源能恢复,当冷却装置恢复正常运行后,油枕油位又会急剧下降。此时,若油位下降到油标 -20 ℃以下并继续下降,应立即停用重瓦斯保护。如果10 min内冷却装置电源不能恢复,则应立即停用变压器。

如果冷却器部分损坏或1/2电源失去,应根据冷却器台数与相应容量的关系,立即调整变压器负荷至相应允许值,直到冷却器修复或电源恢复。由于大型变压器一般设有辅助或备用冷却器,在个别冷却器故障时,辅助或备用冷却器会自动投入,无须调整变压器的负荷。但发“备用冷却器投入”信号时,运行值班人员应检查备用冷却器投入运行是否正常。

项目3　高压断路器的运行及事故处理

任务1　高压断路器的技术参数

高压断路器是电力系统最重要的控制和保护设备，它在电网中起以下两方面的作用：

控制作用：在正常时，根据电网的需要，接通或断开电路的空载电流和负荷电流。这时起控制作用。

保护作用：当电网发生故障时，高压断路器与继电保护装置及自动装置配合，迅速、自动地切除故障电流，将故障部分从电网中断开，保证电网无故障部分继续运行，以减小停电范围，防止事故扩大。这时起保护作用。

4.3.1.1　高压断路器的用途及分类

高压断路器主要依据它使用的灭弧介质来区分，可分为：

(1)油断路器：用变压器的油作为灭弧介质，多油断路器的油除灭弧外，还作为对地绝缘使用。

(2)真空断路器：是一种用真空作为灭弧介质和绝缘介质的断路器，具有可频繁操作、维护工作量少、体积小等优点。

(3)空气断路器：以压缩空气作为灭弧介质和绝缘介质，具有灭弧能力强、动作迅速等优点。

(4)六氟化硫(SF_6)断路器：是采用具有优异的绝缘性能和灭弧能力的六氟化硫气体作为灭弧介质和绝缘介质的断路器，具有开断能力强、动作快、体积小等优点。

真空断路器、六氟化硫断路器是现在和未来重点发展与使用的断路器，油断路器、空气断路器已被淘汰。

4.3.1.2　高压断路器主要技术参数

(1)额定电压：开关正常工作的线电压(有效值)。

(2)最高额定电压：断路器可以长期使用的最高工作线电压(有效值)。

(3)额定电流：在规定的正常条件下，可以通过的长期工作电流(有效值)。

(4)额定开断电流：断路器在额定电压下能可靠断开的最大电流。

(5)遮断容量或断流容量：断路器在短路情况下可能断开的最大容量。

(6)动稳定电流：断路器在规定条件下可承受的峰值电流，主要反映短路时承受电动力的能力。

(7)热稳定电流：断路器在规定时间内允许通过的最大电流，主要反映短路时承受热效应的能力。

(8)固有分闸时间：断路器从接到分闸指令起到主回路触头刚脱离电接触止的时间。

(9)固有合闸时间：断路器从接到合闸指令起到各相触头均接触止的时间。

4.3.1.3　对高压断路器的主要要求

电力系统的运行状态、负荷性质是多种多样的，作为起控制和保护作用的断路器，必须满足电力系统的安全运行，因此对断路器提出如下要求：

(1)绝缘部分应能长期承受最大工作电压,而且应能承受操作过电压和大气过电压。

(2)在长期通过额定电流时,各部分的温度不得超过允许值,以保证断路器工作可靠。

(3)分断时间要短,灭弧速度要快,这样当电网发生故障时可以缩短切除故障的时间,以减轻短路电流对设备的损害。

(4)能快速自动重合闸,为了提高供电可靠性和电力系统的稳定性,线路保护多采用自动重合闸方式,断路器应在很短时间内可靠连续分合几次短路电流。

(5)额定开断电流要大于系统短路电流,以免断路器在开断短路电流时引起爆炸或扩大事故。

(6)断路器在通过短路电流时,要有足够的动稳定和热稳定,以保证断路器的安全运行。

为此,要求断路器有较高的动作速度,且无电流间隔时间要短,在多次断开故障以后,断路器额定开断电流不应降低,或降低甚少。目前采用的三相快速自动重合闸的无电流间隔时间不大于0.35 s,单相自动重合闸的无电流间隔时间一般整定为1 s左右,以保证重合闸动作成功率。

任务2　高压断路器的正常运行与巡视检查

4.3.2.1　断路器运行总则

(1)在正常运行时,断路器的工作电流、最大工作电压、额定开断电流不得超过额定值。

(2)为使运行中的断路器正常工作,应检查其操作电源完备可靠,气体断路器的气压正常,液压操动断路器的油压、弹簧操动断路器的储能、电磁操动断路器的合闸电源及远距离操作电源均符合运行要求。

(3)所有运行中的断路器,若具有远距离操作功能,在带有工作电压时的分合操作,一般均应采用远距离操作方式,禁止使用手动机械分闸,或手动就地操作按钮分闸。只有在远距离分闸失灵或当发生人身及设备事故而来不及远距离拉开断路器时,方可允许手动机械分闸(油断路器),或者用就地操作按钮分闸(空气断路器)。

(4)明确断路器的允许分合闸次数,保证一定的工作年限。根据相关标准,一般断路器允许空载分合闸次数(也称机械寿命)应达1 000~2 000次。为了延长断路器的检修周期,断路器还应有足够的电气寿命,即允许连续分合闸短路电流或负荷电流的次数。

(5)禁止将有拒绝分闸缺陷或严重缺油、漏油、漏气等异常情况的断路器投入运行。若需要紧急运行,必须采取措施,并得到上级运行领导人的同意。

(6)对采用空气操动的断路器,其气压应保持在允许的调整范围内,若超过允许值,应及时调整,否则需停止对断路器的操作。

(7)一切断路器均应在断路器轴上装有分合闸机械指示器,以便运行人员在操作或检查时用它来校对断路器断开或合闸的实际位置。

(8)在检查断路器时,运行人员应注意辅助触点的状态。若发现触点在轴上扭转、松动或固定触片自转盘脱离,应紧急检修。

(9)检查断路器合闸的同时性。因调整不当,合闸后因拉杆断开或横梁折断而造成一相未合导致两相运行时,应立即停止运行。

(10)多油断路器的油箱外壳应有可靠的接地。运行人员外部检查时,应注意其接地是否良好,尤其在断路器运行中取样时,更应注意。

(11)少油断路器外壳均带有工作电压,故运行中值班人员不得打开断路器室的门或网状遮栏。

(12)需经同期合闸的断路器,必须满足同期条件后方可合闸送电。

4.3.2.2 断路器在运行中的巡视检查

在断路器运行时,电气值班人员必须依照现场规程和制度,对断路器进行巡视检查,及时发现缺陷,并尽快设法解除,以保证断路器的安全运行。实践证明,在运行中对断路器进行巡视检查,特别对容易造成事故的部位,如操作机构、出线套管等的巡视检查,大部分缺陷可以被发现。因此,运行中的维护和检查是十分重要的。

1. SF_6 断路器运行中的巡视检查项目

(1)套管不脏污,无破损裂痕及闪络放电现象。

(2)检查连接部分有无过热现象,如有应停电退出,故障消除后方可继续运行。

(3)内部无异声(漏气声、振动声)及异臭味。

(4)壳体及操作机构完整,不锈蚀;各类配管及其阀门无损伤、锈蚀,开闭位置正确,管道的绝缘法兰与绝缘支持良好。

(5)断路器分合位置指示正确,其指示应与当时实际运行工况相符。

(6)检查 SF_6 气体压力是否保持在额定表压,SF_6 气体压力正常值为 0.4 ~0.6 MPa,如压力下降即表明有漏气现象,应及时查出泄漏位置并进行消除,否则将危及人身及设备安全。

(7)SF_6 气体中的含水量监视。若水分较多时,SF_6 气体会水解成有毒的腐蚀性气体;若水分超过一定量,在温度减低时会凝结成水滴,黏附在绝缘表面。这些都会导致设备腐蚀和绝缘性能降低,因此必须严格控制 SF_6 气体中的含水量。

2. 真空断路器运行中的巡视检查项目

(1)检查断路器分合位置指示是否正确,其指示应与当时实际运行工况相符。

(2)检查支持绝缘子有无裂痕、损伤,表面是否光洁。

(3)检查真空灭弧室有无异常(包括有无异常声响),如果是玻璃外壳可观察屏蔽罩的颜色有无明显变化。

(4)检查金属框架或底座有无严重锈蚀和变形。

(5)检查可观察部位的连接螺栓有无松动,轴销有无脱落或变形。

(6)检查接地是否良好。

(7)检查引接接触部位或有示温蜡片的部位有无过热现象,引线弛度是否适中。

3. 断路器运行中的特殊巡视检查项目

(1)在系统或线路发生事故使断路器跳闸后,应对断路器进行下列检查:

①检查有无喷油现象,油色和油位是否正常。

②检查油箱有无变形等现象。

③检查各部位有无松动、损坏,瓷件是否断裂等。

④检查各引线接点有无发热。

(2)高峰负荷时应检查各发热部位是否发热变色、示温蜡片是否熔化脱落。

(3)天气突变、气温骤降时,应检查油位是否正常,连接导线是否紧密等。

(4)下雪天应观察各接头处有无融雪现象,以便发现接头发热。雪天、浓雾天气,应检查套管有无严重放电闪络现象。

(5)雷雨、大风过后,应检查套管瓷件有无闪络痕迹,室外断路器上有无杂物,导线有无断股或松动现象。

4. 断路器的紧急停运

当巡视检查发现下列情况之一时,应立即用上一级断路器断开连接该断路器的电源,将该断路器进行停电处理:

(1)断路器套管爆炸断裂。

(2)断路器着火。

(3)内部有严重的放电声。

(4)油断路器严重缺油,SF_6 断路器 SF_6 气体严重外泄。

(5)套管穿心螺丝与导线(铝线)连接处发热融化等。

5. 断路器操作机构运行中的巡视检查项目

用来接通或断开断路器,并保持其在合闸或断开位置的机械传动机构称为断路器的操动机构。对断路器来说,操动机构是重要部件,也是易出问题的部位。

1)弹簧操作机构

检查项目如下:

(1)机构箱门平整,开启灵活,关闭紧密。

(2)断路器在运行状态,储能电动机的电源开关或熔断器应在投入位置,并不得随意拉开。

(3)储能电动机行程开关触点无卡住和变形,分合闸线圈无冒烟异味。

(4)断路器在分闸备用状态时,分闸连杆应复归,分闸锁扣到位,合闸弹簧应储能。

(5)防潮加热器良好。

(6)运行中的断路器应每隔6个月用万用表检查熔断器情况。

运行注意事项如下:

(1)严禁用手动杠杆和千斤顶带电进行合闸操作。

(2)以硅整流装置作电磁操作机构合闸电源,合闸电源应符合要求。

2)液压操作机构

检查项目如下:

(1)机构箱门平整、开启灵活,关闭紧密,箱内无异味。

(2)油箱油阀正常,无渗漏油。

(3)液压指示在允许范围内。

(4)加热器正常完好。

(5)每天记录油泵启动次数。

运行注意事项如下：

(1)经常监视液压机构油泵启动次数，当断路器未进行分合闸操作时，油泵在 24 h 内启动，大多为高压油路渗油，应汇报调度和领导，及时处理。高压油路渗油油压降低至下限，机械压力触点闭锁，断路器将不能操作。

(2)液压机构蓄压时间应不大于 5 min，在额定油压下，进行一次分合闸操作，油泵运转时间不大于 3 min。

(3)运行中的断路器严禁慢分合操作(油压过低或开放高压放油阀将油压释放至零)，紧急情况下，在液压正常时，可就地手按分闸按钮进行分闸。

3)电磁操作机构

检查项目如下：

(1)机构箱门平整，开启灵活，关闭紧密。

(2)分合闸线圈及合闸接触器线圈无冒烟异味。

(3)直流电源回路接线端无松动，无铜绿或锈蚀。

任务 3　高压断路器的常见故障及处理

4.3.3.1　断路器拒绝合闸

断路器拒绝合闸，既可能有本身的原因，也可能有操作回路的原因。因此，对拒绝合闸的断路器，应从以下几个方面依次查找原因：

(1)检查直流电源是否正常、有无电压、电压是否合格、控制回路断路器是否完好。

(2)检查合闸线圈是否烧坏或匝间是否短路、合闸回路是否断线(以绿色信号来监视)、合闸接触器辅助触点接触是否良好。

(3)检查操作把手触点、连线、端子处有无异常，操作把手与断路器是否联动。

(4)检查油断路器机构箱内辅助触点是否接触良好、联动机构是否起作用、电缆连接有无开脱断线的情况。

(5)检查断路器合闸机构是否有卡涩现象、连接杆是否有脱钩情况。

(6)检查液压机构油压是否低于额定值、合闸回路是否闭锁。

(7)检查弹簧储能机构合闸弹簧是否储能良好(检查牵引杆位置)，分闸连杆复归是否良好，合闸锁扣是否钩住。

根据以上步骤，就会逐步找到断路器拒绝合闸的原因，予以排除。

4.3.3.2　断路器拒绝跳闸

断路器拒绝跳闸，应从以下几个方面检查：

(1)检查直流回路是否良好。直流电压是否合格，操作回路熔断器是否完好，直流回路接线是否完好。

(2)检查跳闸回路。跳闸回路有无断线(以红灯监视)，跳闸线圈是否烧坏或匝间是否短路，跳闸铁芯是否卡涩，行程是否正确。

(3)检查操作回路。操作把手是否良好，断路器内辅助触点接触是否良好，控制电缆接头有无开、松、脱、断情况。

(4)检查断路器本身有无异常，断路器跳闸机构有无卡涩，触头是否熔焊在一起。

(5)检查液压机构压力是否低于规定值，断路器跳闸回路是否被闭锁。

4.3.3.3 SF_6 断路器的常见故障及处理

1. SF_6 断路器漏气故障

可能的原因有：

(1)密封面紧固螺栓松动。

(2)焊缝渗漏。

(3)压力表渗漏。

(4)瓷套管破损。

相应处理方法是：

(1)紧固螺栓或更换密封件。

(2)补焊、刷漆。

(3)更换压力表。

(4)更换新瓷套管。

2. SF_6 断路器本体绝缘不良，放电故障

可能的原因有：瓷套管严重污秽和瓷套管炸裂或绝缘不良。其处理方法是清理污秽及异物，更换合格瓷套管。

3. SF_6 断路器爆炸和气体外逸故障

SF_6 断路器发生意外爆炸事故或严重漏气导致气体外逸时，值班人员接近设备需要谨慎，尽量选择从上风接近设备，并立即投入全部通风装置。在事故后 15 min 以内，人员不准进入室内；在 15 min 以后，4 h 以内，任何人进入室内时，都必须穿防护衣、戴防毒面具。若故障时有人被外逸气体侵袭，应立即清洗后送医院治疗。

4.3.3.4 真空断路器的常见故障及处理

1. 真空断路器灭弧室真空度降低

真空灭弧室真空度降低的原因有：

(1)真空灭弧室漏气。这主要是由于焊缝不严密，或密封部位存在微观漏气造成的。

(2)真空灭弧室内部金属材料含气释放。在真空灭弧室最初几次电弧放电过程中，触头材料中释放出一些残余的微量气体，使灭弧室压力在一段时间内上升，导致真空灭弧室真空度降低。

当真空灭弧室真空度降低到一定数值时，将会影响它的开断能力和耐压水平。因此，必须定期检查真空灭弧管内的真空度是否满足要求。规程规定，在大、小修时要测量真空灭弧室的真空度。

2. 真空断路器接触电阻增大

真空灭弧室的触头接触面在经过多次开断电流后会逐渐被磨损，导致接触电阻增大，这对开断性能和导电性能都会产生不利影响。因此，规程规定要测量导电回路电阻。处理方法是：对接触电阻明显增大的，除要进行触头调节外，还应检测真空灭弧室的真空度，必要时更换相应的灭弧室。

3. 真空断路器拒动现象

在真空断路器检修和运行过程中,有时会出现不能正常合闸或分闸的现象,称为拒动现象。当发生拒动现象时,首先要分析拒动的原因,然后针对拒动的原因进行处理。分析的基本思路是先检查控制回路,若确定控制回路无异常,再在断路器方面查找。若断定故障确实出在断路器方面,再将断路器从线路上解列下来进行检修。

真空断路器发生的拒动现象、原因及处理方法如表4-2所示。

表4-2　拒动现象、原因及处理方法

动作异常现象	原因	处理方法
不能进行合闸动作	1. 合闸线圈烧坏或断线 2. 各触点接触不良	1. 更换 2. 用砂纸打磨触点
有合闸动作,但合不上闸	1. 合闸时的冲击力使跳闸杠杆跳起 2. 由于摩擦,跳闸拉杆及其他各连杆回不去	1. 调节跳闸杠杆的位置达到产品技术要求 2. 检查销子是否被卡住,并注入润滑油
不能分闸	1. 分闸线圈烧坏或断线 2. 辅助触点接触不良 3. 由于摩擦,跳闸杠杆变紧	1. 更换 2. 调整触点或更换触点 3. 检查销子是否被卡住,注入黄油,调整到合适位置
计数器指示不准	操作计数器的拉杆偏斜	松开拉杆的螺钉,重新调整

4. 真空断路器其他故障

(1)当真空断路器灭弧室发出"吱吱"声时,可判断为内部真空损坏,此时值班人员向上级汇报申请停电处理。

(2)发现真空管发热变色时,应加强监视,并进行负荷转移及处理。

(3)当真空断路器开断短路电流达到额定次数时,应解除该断路器的重合闸压板。

项目4　其他供配电装置及设备的运行与事故处理

任务1　母线、隔离开关的运行及事故处理

4.4.1.1　母线的运行及事故处理

母线又称为汇流排,母线的作用是汇集电能和分配电能。母线的类型分为:①软母线(绞线或钢芯铝绞线);②硬母线(硬母线由铜排或铝排组成,主要用于35 kV及以下电压等级的户内配电装置)。

在三相交流电路中,用不同颜色来区分不同相别的母线;在直流电路中,用不同颜色来区分直流正、负极,如表4-3所示。

表 4-3　母线的色标

母线用途	直流正极	直流负极	A 相	B 相	C 相	中性线(接地)	中性线(不接地)
母线颜色	赭	蓝	黄	绿	红	紫带黑色横条	紫

1. 母线及绝缘子在运行中的检查项目

母线都是固定在绝缘子上的。一般情况下,母线故障主要是由绝缘子故障引起的。母线本身在运行中常见的异常或故障是母线(尤其是母线与母线、母线与其他设备连接处)因电流过大、接触不良而过热。

母线温度不得超过允许值。母线在运行中各部位允许的最高温度如表 4-4 所示。

表 4-4　母线各部位允许的最高温度

母线部位	裸母线及其接头处	接触面有锡覆盖层	接触面有银覆盖层	接触面由闪光焊接
最高允许温度(℃)	70	85	95	100

2. 母线及绝缘子的常见故障、产生原因、危害及处理

1)母线连接处发热

A. 产生的原因

绝大多数是连接不良造成的。母线在运行中,不仅有负荷电流流过,而且在接于母线的电气线路或设备发生短路等事故时,会受到短路电流的冲击。当母线连接处接触不良时,则接头处的接触电阻增大,加速接触部位的氧化和腐蚀,使接触电阻进一步加大,形成恶性循环。这种恶性循环的结果将使母线局部过热。

B. 发热的危害

若母线发生局部过热,会引起恶性循环,导致发热的进一步加剧。母线发热长期得不到处理,最终会严重到熔断母线,造成停电或电气设备损坏的重大事故。因此,电气运行人员在日常巡视中,应密切观察母线(尤其是各连接处)的发热情况,防止母线过热。

C. 发热的预防和处理

预防的方法是加强巡视,严格控制流经母线的电流;防止接于母线的电气线路或设备发生事故。母线发热到一定程度,发热部位会变色,运行人员可以通过颜色的变化来判断母线连接处是否发热。发现母线发热后,在可能的情况下,应设法降低流经发热处的电流。发热严重时,应尽快将负荷转移到备用母线上,将发热母线停电检修。

2)母线对地闪络

A. 产生的原因

母线在运行中,发生对地闪络的原因主要是绝缘子表面脏污使绝缘电阻下降,或者是绝缘子有裂缝。

B. 危害

若母线对地放电或闪络,会引起母线接地,从而导致全厂(全所)停电的重大事故。

C. 预防和处理

在电力系统中,因绝缘子表面脏污使绝缘电阻下降或绝缘子损坏造成的事故比例较高。而且,由此产生的事故往往较严重,给工农业生产带来了很大的损失。因此,电气运行人员在巡视配电装置时,应重点加强对绝缘子的检查。

4.4.1.2 **隔离开关的运行及事故处理**

1. 隔离开关的作用

(1)隔离开关与断路器不同,它没有灭弧装置,不具备灭弧性能。因此,严禁用隔离开关来拉、合负荷电流和故障电流。

(2)隔离开关主要用来使电气回路在停电时有一个明显的断开点,以便在检修设备和线路停电时,隔离电源、保证安全。

(3)用隔离开关与断路器相配合,可进行改变运行方式的操作,达到安全运行的目的。

2. 隔离开关的操作及注意事项

(1)严禁用隔离开关来拉、合负荷电流和故障电流(如短路电流等)。

由于隔离开关本身具有一定的自然灭弧能力,所以可以利用隔离开关切断电流较小的电路。在系统正常工作的前提下,允许用隔离开关来拉、合下列电路或设备:

①电压互感器。

②避雷器。

③变压器中性点接地回路。

④消弧线圈。

⑤空载电流较小的空载变压器(运行经验表明:220 kV 及以下的隔离开关可拉、合励磁电流小于 2 A 的空载变压器)。

⑥充电电流较小的母线。

⑦电容电流不超过 5 A 的空载线路。

(2)电气运行人员一定要遵守下列操作事项:

①若隔离开关所在的回路中有断路器、接触器等具有灭弧性能的开关电器或启动器等,那么就绝对不允许用隔离开关来拉、合电路。

②若隔离开关所在的回路中没有断路器、接触器等具有灭弧性能的开关电器或启动器等,就可以用隔离开关来拉、合电路。

3. 隔离开关合闸操作及注意事项

(1)在进行隔离开关合闸操作时,必须迅速果断,但合闸终了时用力不可过猛,防止冲击过大损坏隔离开关及其附件。合闸后应检查是否已合到位,动、静触头是否接触良好等。

(2)如果在隔离开关合闸操作的过程中,发现触头间有电弧产生(即误合隔离开关时),应果断将隔离开关合到位。严禁将隔离开关再拉开,以免造成带负荷拉刀闸的误操作。

4. 隔离开关拉闸操作及注意事项

(1)在进行隔离开关拉闸操作前,应首先检查其机械闭锁装置,确认无闭锁后再进行。在拉闸操作开始期间，要缓慢而又谨慎，当刀片刚刚离开静触头时注意有无电弧产生。若无电弧产生等异常情况，则迅速果断地拉开，以利于迅速灭弧。隔离开关拉闸后应检查是否已拉到位。

(2)如果在隔离开关刀片刚刚离开静触头瞬间有电弧产生，应果断地将隔离开关重新合上，停止操作，待查明原因并处理完毕后再进行合闸操作。

(3)如果在隔离开关刀片刚刚离开静触头瞬间有电弧产生(即误拉隔离开关时)，仍强行拉开隔离开关的话，可能造成带负荷拉刀闸的严重事故。

5. 隔离开关与断路器配合操作及注意事项

隔离开关与断路器配合操作时的操作顺序是：

(1)断开电路时，先拉开断路器，再拉开负荷侧隔离开关，最后断开电源侧的隔离开关。

(2)停电时可能会有两种误操作：一是出现断路器“拒分”或经操作却“假分闸”，拉应停电线路的隔离开关；二是断路器虽已断开，但拉隔离开关时错走间隔，拉不应停电线路的隔离开关。两种情况均属带负荷拉隔离开关。假设断路器未断开，先拉负荷侧隔离开关，弧光短路发生在断路器保护范围以内，线路断路器跳闸，即可切除故障，缩小事故范围。若先拉母线侧隔离开关，弧光短路发生在线路断路器保护范围以外，由于误操作而引起的故障电流并未通过电流互感器，该线路断路器保护不动作，线路断路器不会跳闸，将造成母线短路并使上一级断路器误动作，扩大事故范围。

(3)送电时先合电源侧的隔离开关，再合负荷侧的隔离开关，最后合断路器。

送电时先合电源侧隔离开关，后合负荷侧隔离开关，是因为送电时，若断路器在误合位置，如先合负荷侧隔离开关，后合电源侧隔离开关，等于用电源侧隔离开关带负荷操作，一旦发生弧光短路便造成电源故障；另外从检修方面考虑，即使由于误操作发生了事故，只检修负荷侧隔离开关就可以了，否则若检修电源侧隔离开关，势必停用母线，从而导致大面积停电。

总之，在隔离开关与断路器配合操作时，隔离开关必须在断路器处于断开(分闸)位置时才能进行操作。

4.4.1.3 隔离开关运行中的检查项目及注意事项

隔离开关在运行中，要加强巡检，及时发现异常和缺陷并进行处理，防止异常和缺陷转化为事故。具体检查项目如下：

(1)隔离开关触头应无发热现象(隔离开关在正常运行时，其电流不得超过额定电流，温度不得超过 70 ℃。若接触部位的温度超过 80 ℃，应减少其负荷)。

(2)绝缘子应完整无裂纹，无电晕和放电现象。

(3)操作机构和各机械部位应无损伤和锈蚀，安装牢固。

(4)闭锁装置良好，销子锁牢，辅助触点位置正确。

(5)动、静触头的消弧部位应无烧伤、不变形。

(6)动、静触头无脏污、无杂物、无烧痕。

(7)压紧弹簧和铜辫子无断股、无损伤。

(8)接地用隔离开关应接地良好。

(9)动、静触头间接触良好。

4.4.1.4 隔离开关异常及事故处理

1. 隔离开关接触部位过热

现场运行经验表明,隔离开关触头因发热而烧损的现象比较普遍,甚至有时在60%额定负荷的情况下温度就超过了允许值。隔离开关触头发热的原因及相应的处理方法如下。

1)触头压紧弹簧性能(如弹性)下降

触头压紧弹簧弹性下降会使动、静触头间接触面压力不够,从而导致接触电阻的增大。接触电阻的增大又会使发热量增加,使接触面处温度进一步上升。温度的升高又会使压紧弹簧弹性进一步下降,形成恶性循环。这种现象如果得不到及时处理,就会酿成动、静触头烧损从而导致非正常停电的重大事故。

处理的方法:更换或调整弹簧。

2)动、静触头间接触不良(如触头氧化或腐蚀导致接触电阻增大)

动、静触头间接触不良,就会使动、静触头间的接触电阻增大。因此,动、静触头间接触不良情况的演变和后果,同触头压紧弹簧弹性下降一样。

处理的方法:去除氧化层,并在结合面上涂导电膏。

3)动、静触头间接触面积偏小

动、静触头间接触面积偏小,就会使动、静触头间的接触电阻增大。因此,动、静触头间接触面积偏小情况的演变和后果,同触头压紧弹簧弹性下降一样。

处理的方法:重新调整触头,使动、静触头间全接触。

4)隔离开关与铜排连接处接触不良(如连接处氧化或腐蚀导致接触电阻增大)

隔离开关与铜排连接处接触不良,就会使隔离开关与铜排的接触电阻增大。接触电阻增大会使连接处发热量增加,使连接处温度上升。而温度上升又反过来使接触电阻进一步增大,形成恶性循环。这种现象如果得不到及时处理,就会酿成隔离开关与铜排连接处烧断,从而导致非正常停电的重大事故。

处理的方法:去除氧化层,并在结合面上涂导电膏。

5)隔离开关与铜排连接处固定不紧

隔离开关与铜排连接处固定不紧会导致连接处接触电阻增大。这种情况的演变和后果与隔离开关与铜排连接处接触不良相同。

处理的方法:紧固连接。

2. 支柱绝缘子闪络

隔离开关导电部分与基座之间是靠支柱绝缘子连接并形成绝缘的。当支柱绝缘子脏污或有裂纹时,就会产生爬电或闪络现象。如果爬电或闪络现象得不到及时处理,就会引起接地事故的发生。支柱绝缘子闪络产生的具体原因及相应的处理方法:

1)绝缘子表面脏污混有杂物

绝缘子表面脏污混有杂物,使得绝缘子的绝缘性能下降,从而引发闪络事故。

处理方法:清洁绝缘子并擦干。

(1)绝缘子的污秽闪络(即由脏污引起的闪络)的进一步演化过程如下:

①绝缘子表面的污染过程。

②绝缘子表面受污层的湿润过程。

③局部放电过程。

④局部放电发展为贯穿性放电的过程。

(2)常用的防污闪技术措施如下:

①调整绝缘子的爬电距离,或更换成抗污闪性能更好的绝缘子,如大爬距绝缘子、防尘绝缘子等。

②清扫、净化绝缘子。

③采用各种防污涂料,如硅油、硅质地蜡等。

2)绝缘子表面有裂纹

绝缘子表面有裂纹,也会使得绝缘子的绝缘性能下降,从而发生闪络事故。

处理方法:绝缘子发生闪络现象后,闪络处温度会上升,导致绝缘子因各部位不均匀受热、温度差异较大而爆裂。

3. 隔离开关拒绝分闸

隔离开关拒绝分闸的原因一般是隔离开关操作机构故障或断路器与隔离开关间闭锁装置损坏,或断路器处于合闸位置从而正常闭锁。

处理方法:修复操作机构;修复或更换闭锁装置;按正常倒闸操作程序,先将断路器拉闸,再合隔离开关,然后合断路器。

任务2　互感器的运行及事故处理

4.4.2.1　互感器的作用

互感器是实现电气一、二次系统互相联络的重要的一次设备。

互感器的主要用途是:把一次系统的高电压、大电流转换成统一标准的低电压、小电流,供二次系统的测量仪表、继电保护和自动装置等设备使用,使这些设备可以工作在低电压、小电流状态下。

使用互感器的目的有两个:

第一,使二次系统及其设备与高电压、大电流的一次系统隔离,而且互感器二次侧均接地,保护了二次设备和人身的安全。

第二,通过互感器将一次系统的高电压、大电流转换成统一标准的低电压、小电流后,可以使测量仪表、继电保护和自动装置等二次设备标准化、小型化,并使其结构简单、价格便宜,便于屏内布置。

互感器分为如下两类:

(1)电压互感器(电压互感器二次侧电压统一规定为100 V)。

(2)电流互感器(电流互感器二次侧电流统一规定为5 A或1 A)。

4.4.2.2　电压互感器

电压互感器一般是经过隔离开关的高压熔断器接入一次系统的。

1. 电压互感器高压侧装熔断器的作用

电压互感器高压侧装设熔断器的目的是防止一次系统受电压互感器本身及其引线故

障的影响，它并不能防止电压互感器受到过负荷的影响。

2. 电压互感器低压侧装设熔断器的必要性

电压互感器过负荷保护是依靠装设在二次侧（低压侧）的熔断器来实现的，因此电压互感器二次侧必须装设熔断器。

3. 电压互感器的允许运行方式

（1）运行中的电压互感器，其二次回路不得短路。

因为电压互感器本身阻抗很小，短路会使二次回路产生很大的电流，使二次侧熔丝熔断，影响测量仪表的工作，甚至会引起继电保护和自动装置误动作。

（2）运行中的电压互感器，其二次绕组的一端和铁芯必须可靠接地（在发电厂中，一般采用B相接地）。

为了防止一、二次绕组间绝缘击穿时，高电压窜入二次侧，从而危及人身和二次侧设备的安全，二次侧必须有一端可靠接地。这样，当一、二次绕组因绝缘破坏而击穿时，可将高电压引入大地。

（3）电压互感器运行中的容量（二次侧负载）不准超过其铭牌上所标的规定值。

（4）投入运行的电压互感器绝缘电阻应符合下列要求：

①一次侧额定电压为1 000 V及以上的电压互感器的绝缘电阻不得小于1 MΩ/kV（采用1 000 V或2 500 V摇表测量）。

②一次侧额定电压为1 000 V以下（不包含1 000 V）的电压互感器的绝缘电阻不得小于0.5 MΩ/kV（采用500 V摇表测量）。

③电压互感器二次侧回路的绝缘电阻不得小于0.5 MΩ/kV（采用500 V摇表测量）。

（5）电压互感器一、二次侧回路都必须装设熔断器，具体要求如下：

①一次侧（高压侧）熔断器的熔断电流不得大于1 A，一般为0.5 A。

②二次侧（低压侧）熔断器的熔断电流不得大于2 A。

③二次侧熔丝必须用消弧绝缘套住。

（6）电压互感器所带的负载必须并联在二次回路中。

4. 电压互感器投入运行前的检查项目

为了防止将异常或有故障的电压互感器投入运行，从而影响正常的安全生产，电压互感器在投入运行前必须经过仔细、全面的检查，具体要求如下：

（1）电压互感器周围应无影响送电的杂物。

（2）各连接部位接触良好，无松动现象。

（3）电压互感器及其绝缘子无裂纹、无脏污、无破损现象。

（4）接地部分接地良好。

（5）电压互感器附属设备及回路应情况良好，无影响运行的异常或缺陷。

（6）充油式电压互感器油位正常、油色清洁，无渗、漏油现象。

5. 电压互感器的操作及注意事项

（1）电压互感器及其所属设备、回路上无检修等工作，工作票已收回。

（2）检查电压互感器及其附属回路、设备均正常，没有影响送电的异常情况。

（3）放上一、二次侧熔丝。

(4)合上电压互感器隔离开关。

(5)电压互感器投入运行后,应检查电压互感器及其附属回路、设备运行正常。

注意事项:若在投入运行过程中,发现异常情况,应立即停止投运操作,待查明原因并处理完毕后再投入运行。

6. 电压互感器退出运行的操作及注意事项

(1)将接在该电压互感器回路上、在该电压互感器退出运行后可能引起误动作的继电保护和自动装置停用(如低电压保护、备用电源自投装置等)。

说明:如果相关继电保护装置和自动装置可以切换至另一组电压互感器回路运行,则不必将它们停用,通过电压互感器的自动或手动切换装置切换至另一组电压互感器回路即可。

(2)拉开电压互感器高压侧隔离开关。

(3)取下高压侧熔丝。

(4)取下低压侧熔丝。

(5)根据需要,做好相应的安全措施。

注意事项:若无特别要求,停用的电压互感器,除取下高压侧熔丝外,还应取下低压侧熔丝,以防止低压侧电源反充至高压侧。

7. 电压互感器二次侧切换操作的注意事项

(1)电压互感器一次侧不在同一系统时,其二次侧严禁并列切换。

(2)当低压侧熔丝熔断后,在没有查明原因前,即使电压互感器在同一系统,也不得进行二次切换操作。

8. 电压互感器运行中的检查项目及注意事项

电压互感器在运行中,电气运行人员应加强巡回检查(具体间隔时间各个单位有所不同,但间隔时间最好不超过4 h),以便及时发现异常和缺陷并进行处理,防止异常和缺陷转化为事故。具体检查项目如下:

(1)电压互感器高、低压侧熔丝应完好。

(2)各连接部位接触良好,无松动现象,辅助开关接点接触良好。

(3)电压互感器及其绝缘子无裂纹、无脏污、无破损现象。

(4)有焦味及烧损现象。

(5)无放电(声音、弧光)现象。

(6)接地部分接地良好。

(7)充油式电压互感器油位正常、油色清洁,无渗、漏油现象。

9. 电压互感器异常及事故处理

1)高压侧或低压侧熔丝熔断

(1)现象和后果:电压互感器熔丝熔断(无论是高压侧熔丝熔断,还是低压侧熔丝熔断),都会带来下列现象和后果:

①相应的“PT电压回路断线”光字牌亮。

②各种表计没有指示或指示异常(比正常指示值低)。

③低电压保护有可能误动作,强励信号发信(若三相熔丝熔断,则强励误动作)。

说明:若设计合理,由接于不同线电压上的两只低电压继电器的动断触点串联来启动低电压保护,则一相熔丝(无论是高压侧熔丝还是低压侧熔丝,若是自动励磁调整装置用的电压互感器熔丝熔断,则发电机无功负荷下降,电压降低、电流减小)熔断不会造成低电压保护误动作。

(2)高压侧或低压侧熔丝熔断处理方法:

低压侧熔丝熔断,则应先检查电压互感器二次回路有无短路现象,若二次回路短路,则应先排除短路故障后,再更换熔丝即可。若无短路,那么低压侧熔丝熔断一般是由于过负荷引起的,这时应主要检查二次回路及二次设备有无绝缘下降或损坏现象,处理后,更换熔丝即可。

说明:一般情况下,设计人员设计时,均已考虑到电压互感器的负载情况。因此,若二次回路及二次设备均状态良好,电压互感器负荷基本上是恒定的,一般不会过负荷。在使用中电压互感器过负荷往往是由于二次回路及二次设备存在绝缘电阻下降或损坏现象,如表计或电压继电器电压线圈匝间短路等。

高压侧熔丝熔断,则应检查电压互感器是否已击穿(高压或低压线圈相间绝缘击穿或短路、高压侧与低压侧间击穿、高压或低压线圈对地击穿等)。若检查结果是击穿造成的,那么修复或更换电压互感器。若没有击穿现象,对之进行相应的处理,并用摇表测量相关部位的绝缘电阻合格后,更换高压侧熔丝。

说明:电压互感器高、低压侧熔丝(尤其是高压侧熔丝)受到瞬时的冲击而熔断的情况较为常见。许多情况下,熔丝熔断并不意味着电压互感器或其一、二次回路有异常或故障。因此,若电压互感器熔丝熔断,但为了生产的需要,在经过仔细的望、闻、听等检查,发现没有异常和故障的情况下,可以不进一步检查,直接更换熔丝即可投入运行。但若电压互感器熔丝连续两次熔断,则必须将电压互感器退出运行,进行检修。待查明原因并处理完毕后,再行将其投入运行。

2)电压互感器表面放电或闪络

(1)查找故障点方法:电气运行人员只要加强巡检,电压互感器表面放电或闪络现象是很容易发现的。

(2)现象:关掉灯光,仔细观察,就会发现弧光,并且能听到“吱吱”的放电声。

(3)后果:电压互感器放电或闪络如果得不到及时处理,最终会演化为绝缘击穿事故。

(4)原因:可能是电压互感器脏污、受潮,也可能是绝缘损坏。

(5)处理方法:若是由于电压互感器脏污、受潮造成,则将电压互感器退出运行后进行清扫、干燥等处理即可;若是由于电压互感器绝缘损坏(如瓷套管裂纹等)造成,则将电压互感器退出运行后,进行修复绝缘或更换电压互感器。

3)电压互感器发热、温度高

(1)现象:电压互感器发热,温度比正常情况下明显增高。

(2)后果:如果得不到及时处理,会导致电压互感器着火事故。

(3)原因:可能是电压互感器内部有局部短路现象(如匝间短路、层间短路等),也可能是接地造成的。

(4)处理方法:立即将电压互感器退出运行后,更换电压互感器。

4)电压互感器内部发出焦味、冒烟、着火

(1)现象:电压互感器内部发出焦味、冒烟、着火等现象。

(2)后果:可能造成某些保护和自动装置误动作,从而影响正常的生产。如果电压互感器着火得不到及时处理,会酿成火灾。

(3)原因:可能是电压互感器内部局部短路(如匝间短路、层间短路等),或者是接地得不到及时处理,从而导致故障扩大。焦味、冒烟、着火往往意味着电压互感器绝缘已烧坏。

(4)处理方法:立即将电压互感器退出运行后,更换电压互感器。

5)电压互感器内部有异常声音(如放电声)

(1)现象:电压互感器内部放电,表面看不出来,但仔细倾听,能听到“噼噼啪啪”的放电声。

(2)后果:电压互感器内部放电得不到及时处理,最终会演化为绝缘击穿事故。

(3)处理方法:立即将电压互感器退出运行后,更换电压互感器。

6)油浸式电压互感器渗、漏油,油位下降

(1)现象:电压互感器表面有油渍,仔细观察发现油位比正常情况低。

(2)后果:如果得不到及时处理,会使电压互感器因严重缺油而出现事故。

(3)原因:可能是密封件老化损坏,套管部件间结合面螺丝松动等引起。

(4)处理方法:若渗、漏油现象不太严重,且油位尚在能正常运行的范围内,则可根据生产情况,选择合适的时间处理;若漏油非常严重,或是油位已低至不能保证安全运行的要求,则应立即停用电压互感器,进行处理。

7)油浸式电压互感器油变色

(1)现象:油色变暗红或局部黑色。油色变化往往暗示着电压互感器内部有某种异常或故障的存在(油浸式电压互感器使用的是变压器油。清洁、合格的变压器油透明、无色)。

(2)后果:可能会延误发现异常或故障的时间,导致因异常或故障得不到及时的处理而引发事故。

(3)原因:由于电压互感器内部有放电情况,从而导致变压器油分解所致。

(4)处理方法:可根据生产情况,选择合适的时间处理。当然,处理方法不能是简单地对变压器油进行处理或换油,而应查明变色的原因并作出相应的处理后再换油。

4.4.2.3 电流互感器

作用:电流互感器是用来把大电流转化为小电流,并提供给测量仪表、继电保护和自动装置使用的电气设备。

电流互感器的二次侧电流一般为5 A或1 A,常用的为5 A。

电流互感器的一次侧绕组通常只有一匝或几匝,串联在被测电气设备的一次回路中。因此,一次绕组的电流完全取决于被测电路的负荷电流,与二次绕组的负荷大小无关。

电流互感器正常运行时,其二次回路接近于短路状态(电流互感器的二次绕组匝数较多,二次侧所接的仪表和继电器等的电流线圈阻抗很小,所以二次回路所接仪表或继电器的线圈必须串联在二次回路中）。

电流互感器的额定变比是一、二次电流之比，即

$$K_n = \frac{I_{1n}}{I_{2n}}$$

1. 电流互感器的允许运行方式

(1)运行中的电流互感器，其二次回路不得开路。否则可能会因为产生高电压而危及人身和设备的安全。

(2)运行中的电流互感器，其二次绕组的一端和铁芯必须可靠接地。

为了防止一、二次绕组间绝缘击穿时高电压窜入二次侧，从而危及人身和二次侧设备的安全，电流互感器侧必须有一端可靠接地。这样，当一、二次绕组绝缘破坏而击穿时，可将高电压引入大地。

(3)电流互感器运行中的容量(二次侧负载)不准超过其铭牌上所标的规定值。

(4)投入运行的电流互感器绝缘电阻应符合下列要求：

①一次侧额定电压为1 000 V及以上的电流互感器的绝缘电阻不得小于1 MΩ/kV(采用1 000 V或2 500 V摇表测量)。

②一次侧额定电压为1 000 V以下(不包含1 000 V)的电流互感器的绝缘电阻不得小于0.5 MΩ/kV(采用500 V摇表测量)。

③电流互感器二次侧回路的绝缘电阻不得小于0.5 MΩ/kV(采用500 V摇表测量)。

④电流互感器一、二次侧回路都不得装设熔断器。

⑤电流互感器所带的负载必须串联在二次回路中。

2. 电流互感器投入运行前的检查项目

为了防止将异常或有故障的电流互感器投入运行，从而影响正常的安全生产，电流互感器在投入运行前必须经过仔细、全面的检查，具体要求如下：

(1)电流互感器周围应无影响送电的杂物。

(2)各连接部位接触良好，无松动现象。

(3)电流互感器及其绝缘子无裂纹、无脏污、无破损现象。

(4)电流互感器附属设备及回路应情况良好，无影响运行的异常或缺陷。

(5)二次回路中的试验端子接触牢固，无断开现象。

3. 电流互感器运行中的检查项目及注意事项

电流互感器在运行中，电气运行人员应加强巡回检查(具体间隔时间各个单位有所不同，但间隔时间不要超过4 h)，以便及时发现异常和缺陷并进行处理，防止异常和缺陷转化为事故。具体检查项目如下：

(1)电流互感器二次回路无开路现象。

(2)各连接部位接触良好，无松动现象，试验端子接触良好。

(3)电流互感器及其绝缘子无裂纹、无脏污、无破损现象。

(4)没有焦味及烧毁现象。

(5)无放电(声音、弧光)现象。

(6)接地部分接地良好。

4. 电流互感器异常及事故处理

因为电流互感器是直接串接在其所服务的一次设备的回路中的,因此电流互感器不像电压互感器那样可以单独退出运行。若电流互感器发生了必须退出运行的异常或故障,则其所服务的一次设备(如发电机、线路等)也必须同时退出运行。

1)电流互感器表面放电或闪络

(1)现象:关掉灯光,仔细观察,就会发现弧光,并且能听到"吱吱"的放电声。

(2)后果:电流互感器放电或闪络如果得不到及时处理,最终会演化为绝缘击穿事故。

(3)原因:可能是电流互感器脏污、受潮,也可能是绝缘损坏。

(4)处理方法:若是由于电流互感器脏污、受潮造成,则将电流互感器随同其所服务的一次设备退出运行后进行清扫、干燥等处理即可;若是由于电流互感器绝缘损坏(如瓷套管裂纹等)造成,则将电流互感器退出运行后,进行修复绝缘或更换电流互感器。

2)电流互感器发热、温度高

(1)现象:电流互感器发热,温度比正常情况下明显增高。

(2)后果:如果得不到及时处理,会导致电流互感器着火事故。

(3)原因:可能是电流互感器内部有局部短路现象(如匝间短路、层间短路等),或是主导体接触不良,也可能是二次回路开路。

(4)处理方法:电流互感器发热、温度高,若是由电流互感器内部故障或是主导体接触不良引起,则立即将电流互感器及其所服务的一次设备退出运行,更换电流互感器。若是由二次回路开路引起,则仔细检查二次回路,将开路部位连接好。

3)电流互感器内部发出焦味、冒烟、着火

(1)现象:电流互感器内部发出焦味、冒烟、着火等现象。

(2)后果:可能造成某些保护和自动装置误动作,从而影响正常的生产。如果电流互感器得不到及时处理,会酿成火灾。

(3)原因:可能是电流互感器内部局部短路(如匝间短路、层间短路等),或者是接地得不到及时处理,从而导致故障扩大。焦味、冒烟、着火往往意味着电流互感器绝缘已烧坏。

(4)处理方法:立即将电流互感器及其所服务的一次设备退出运行后,更换电流互感器。

4)电流互感器内部有异常声音(如放电声)

(1)现象:电流互感器内部放电,表面看不出来,但仔细倾听,能听到"噼噼啪啪"的放电声。

(2)后果:电流互感器内部放电得不到及时处理,最终会演化为绝缘击穿事故。

(3)原因:可能是由于电流互感器内部短路,接地以及夹紧螺丝松动等引起,主要原因是绝缘损坏。如果得不到及时处理,会导致电流互感器击穿。

(4)处理方法:立即将电流互感器及其所服务的一次设备退出运行后,更换电流互感器。

5)油浸式电流互感器渗、漏油，油位下降

(1)现象：电流互感器表面有油渍，仔细观察发现油位比正常情况低。

(2)后果：如果得不到及时处理，会使电流互感器因严重缺油而出现事故。

(3)原因：可能是由于密封件老化损坏，套管部件间结合面螺丝松动等引起。

(4)处理方法：若渗、漏油现象不太严重，且油位尚在能正常运行的范围内，则可根据生产情况，选择合适的时间处理；若漏油非常严重，或是油位已低至不能保证安全运行的要求，则应立即停用电流互感器及其所服务的一次设备，进行处理。

6)油浸式电流互感器油变色

(1)现象：油色变暗红或局部黑色。油色变化往往暗示着电流互感器内部有某种异常或故障的存在。

(2)后果：可能会延误发现异常或故障的时间，导致因异常或故障得不到及时处理而引发事故。

(3)原因：油浸式电流互感器使用的是变压器油。

(4)处理方法：可根据生产情况，选择合适的时间处理。当然，处理方法不能是简单地对变压器油进行处理或换油，而应查明变色的原因并做出相应的处理后再换油。

任务3　电抗器和消弧线圈的运行及事故处理

4.4.3.1　电抗器的运行及事故处理

在小型电厂及热电厂中广泛采用电抗器，如母线分段电抗器、线路电抗器以及厂用电分支电抗器等。电抗器的主要作用是：当电抗器所在回路发生短路故障时，限制短路电流，维持母线残压。

电抗器的参数除额定电压、额定电流等外，还有一个相当重要的参数是百分电抗值(或电抗值)*XDK%*(或 *XDK*)。百分电抗值(或电抗值)反映了该电抗器限制短路电流的能力。

1. 电抗器投入运行前的检查项目

为了防止将异常或有故障的电抗器投入运行，从而影响正常的安全生产，电抗器在投入运行前必须经过仔细、全面的检查，具体要求如下：

(1)电抗器周围应无影响送电的杂物。

(2)各连接部位接触良好，无松动现象。

(3)电抗器及其绝缘子无裂纹、无脏污、无破损现象。

(4)绝缘电阻不得小于1 MΩ/ kV(采用1 000 V或2 500 V摇表测量)。

2. 电抗器运行中的检查项目

电抗器在运行中，电气运行人员应加强巡回检查(具体间隔时间各个单位有所不同，但间隔时间不要超过4 h)，以便及时发现异常和缺陷并进行处理，具体检查项目如下：

(1)电抗器在正常工作中，其工作电流不得超过额定值。当环境温度超过规定温度时，应根据具体情况，相应减小其工作电流。

(2)各连接部位接触良好，无发热现象。

(3)混凝土支架(或环氧树脂支架)无裂纹、无破损现象。

(4)支持绝缘子无裂纹、无脏污、无破损现象。

(5)没有焦味及烧损现象。

(6)无放电(声音、弧光)现象。

3. 电抗器异常及事故处理

电抗器总是随同其所服务的主回路(主设备)同时投入或退出运行,因此当电抗器出现异常或事故时,应根据生产情况和异常(或故障)性质决定是立即停止运行,还是根据具体情况在适当的时候退出运行。

1)电抗器整体发热、温度高

(1)现象和后果:电抗器整体发热如果得不到及时处理,可能会使电抗器绕组烧坏,从而造成设备损坏和停电事故。

(2)原因:出现这种情况,往往是由于电抗器过负荷或环境温度过高引起。

(3)处理方法:若是因为环境温度过高引起的,则应加强通风,设法降低环境温度;若是由于过负荷引起的,则应减小电抗器的负荷。

(4)说明:

①若是因为环境温度过高导致电抗器发热,而且采用各种降温措施后,仍无法使电抗器的温度下降到正常值,则必须减小电抗器的负荷。

②若是由于过负荷导致电抗器发热,当因生产需要不能减小电抗器负荷的情况下,可采用临时冷却措施(如在电抗器周围临时加装风扇等)使电抗器的温度下降。

③不论采用何种方法,都必须保证电抗器的温度在允许范围内。

2)电抗器局部发热、温度高

(1)电抗器容易发生局部发热的部位主要是各导体连接处。

(2)现象和后果:导体连接处发热如果得不到及时处理,可能会使导体连接处烧断,从而造成停电事故。

(3)原因:电抗器导体连接处发热往往是导体连接处接触不良所致。如连接处铜排(铝排)氧化、腐蚀,连接处螺栓没有拧紧。

(4)处理方法:电抗器导体连接处若有发热现象,应根据具体情况决定是否立即停电处理。

(5)说明:因为发热会促使氧化或腐蚀现象的产生和发展,任何原因引起发热,一般都会伴随着导体氧化或腐蚀现象的产生。因此,即使是由于导体连接处螺栓没有拧紧引起发热,最好也应将导体连接处拆开,对导体铜排(铝排)进行检查,是否有氧化或腐蚀现象。若有氧化或腐蚀现象,则去除氧化、腐蚀层并清理后,涂上导电膏,然后重新紧固连接即可。

3)电抗器支持瓷瓶炸裂

(1)现象和后果:电抗器支持瓷瓶炸裂,从而造成设备损坏和停电事故。

(2)原因:其一是电抗器支持瓷瓶附属的金属构件产生涡流,导致瓷瓶处过热;其二是支持瓷瓶闪络。

(3)处理方法:若是因为电抗器支持瓷瓶所属的金属构件产生涡流,导致瓷瓶处过热引起,则应设法消除或减小涡流,如对金属片开槽,切断涡流的通道;若是由于支持瓷瓶闪络引起,则应在更换瓷瓶后,对所有瓷瓶进行检查,检查瓷瓶有无裂纹,是否脏污等,并处理之。

4)电抗器放电或闪络

(1)现象和后果:电抗器本体放电或闪络比较少见,比较常见的是支持绝缘子放电或闪络现象。强烈的放电或闪络比较容易发现,但轻微的放电或闪络不易察觉。电抗器或其支持绝缘子放电或闪络如果得不到及时处理,最终会演化为电抗器相间短路或接地事故。

(2)原因:主要原因是电抗器(主要是其支持绝缘子)脏污、受潮,但电抗器线圈变形导致部分线圈间距下降也会引起放电或闪络现象。

(3)处理方法:若是由于电抗器或其支持绝缘子脏污、受潮造成的,则将电抗器退出运行后进行清扫、干燥等处理即可;若是由于电抗器线圈变形导致部分线圈间距下降造成的,则将电抗器退出运行后,进行修复或更换电抗器。

4.4.3.2 消弧线圈的运行及事故处理

1. 消弧线圈的简要原理分析

在中性点不接地电网中,电网的每一相与大地之间都具有一定的电容。当电网内各相对地电容平衡时,正常运行情况下,电网三相对地电容电流的相量和为零,因此流过电网中性点的电流为零,电网中心点对地电压为零。然而,当该电网中某一相发生单相接地故障时,电网三相就不再对称,电网三相对地电容电流的相量和不再为零,其不平衡部分通过电网的中性点(中性点与地之间也有电容存在)形成回路,这时电网中性点对地电压不再为零。

当中性点不接地电网中电容电流不大(不超过 5 A)时,接地故障点的电弧一般能够快速自行熄灭。但当中性点不接地电网中电容电流大于一定值时(与电网额定电压有关),接地故障点的电弧就可能无法自行熄灭,而且电弧又是不稳定的(一会儿电弧熄灭,一会儿电弧重燃)。这种不稳定燃烧的电弧会引起电网运行状态的瞬息变化,导致电网震荡,并在电网中产生危险的过电压,影响电网的安全运行。

由于电感电流与电容电流相位相反,可以达到相互补偿的效果。工程中,广泛采用在电网变压器中性点接入消弧线圈(实际上是一个大电感)的办法来消除中性点不接地电网中弧光接地过电压。

目前,规程规定在电压等级为 3 ~60 kV 的电网中,当电网接地电容电流大于下列数值时,应采用经消弧线圈接地方式:

(1)3 ~6 kV 的电网中,接地电容电流大于 30 A。

(2)10 kV 的电网中,接地电容电流大于 20 A。

(3)20 kV 的电网中,接地电容电流大于 15 A。

(4)35 kV 及以上电压等级的电网中,接地电容电流大于 10 A。

说明:

(1)对于重要的 60 kV 电网,即使接地电容电流不大于 10 A,也最好使用消弧线圈接地方式。

(2)对于 0.4 kV 和 110 kV 及以上电压等级的电网,目前都是采用中性点直接接地的方式，因此不存在上述问题。

(3)中性点采用消弧线圈接地方式的电网，在电网正常运行期间，消弧线圈必须投入运行。在电网中有操作故障或接地故障时，不得停用消弧线圈。

根据消弧线圈的电感电流 I_L 对电网接地电容电流 I_{DC} 补偿程度的不同，可分为以下三种补偿方式：

(1)全补偿($I_L = I_{DC}$)。消弧线圈的电感电流等于电网接地电容电流，完全补偿了电网接地的电容电流，这种补偿方式消弧效果最好。然而，这种补偿方式容易引起电网串联谐振，产生串联谐振过电压。在实际使用中，不采用全补偿方式。

(2)欠补偿($I_L < I_{DC}$)。消弧线圈的电感电流小于电网接地电容电流。部分补充了电网接地电容电流，使电网接地电容电流小于一定数值，达到电网安全运行的目的。然而，当电网在运行中切除部分线路时，这种补偿方式可能会接近或达到全补偿方式，使电网产生串联谐振过电压。因此，欠补偿方式一般也很少使用。

(3)过补偿($I_L > I_{DC}$)。消弧线圈的电感电流大于电网接地电容电流。接地处尚余有多余的电感电流。这种补偿方式可避免串联谐振过电压的产生，因此电网采用消弧线圈接地方式补偿主要是采用过补偿的方式。

消弧线圈的参数除额定电压、额定电流等外，还有一个相当重要的参数就是补偿度 ρ。补偿度 ρ 的定义如下：

$$\rho = \frac{I_L - I_C}{I_C} \times 100\%$$

式中 ρ——补偿度；

I_L——消弧线圈的电感电流；

I_C——电网电容电流总和。

补偿度可通过调节消弧线圈的分接头来调整。有关中性点采用消弧线圈接地补偿的原理分析、补偿度计算的详细情况请参考相关书籍。

2. 消弧线圈的操作及注意事项

1)消弧线圈投入运行前的检查项目

为防止将异常或有故障的消弧线圈投入运行，从而影响正常的安全生产，消弧线圈在投入生产前必须经过仔细、全面的检查，具体要求如下：

(1)消弧线圈周围应无影响送电的杂物。

(2)各连接部位接触良好，无松动现象。

(3)消弧线圈无裂纹、无脏污、无漏油及无破损现象。

(4)绝缘电阻不得小于 1 MΩ/ kV(采用 1 000 V 或 2 500 V 摇表测量)。

(5)隔离开关情况良好。

(6)所在电网无接地故障。

(7)所在电网没有其他操作。

2)消弧线圈的操作及注意事项

电网在正常运行时，消弧线圈必须投入运行。消弧线圈的操作除投入、退出运行操作外，在运行中还需要根据电网运行方式的变化调节分接头(调节补偿度)。

(1)消弧线圈的投入、退出运行以及调节分接头的操作，必须在查明电网无单相接地故障后方可进行。

(2)改变消弧线圈的分接头前，必须拉开消弧线圈的隔离开关，将消弧线圈停电后方可进行。

(3)变换消弧线圈分接头位置工作完成后，应该仔细检查各部分情况，确认良好后，再将消弧线圈投入运行。

(4)若需要将消弧线圈由一台变压器的中性点切换到另一台变压器的中性点上运行，应该先将消弧线圈同时并接在两台变压器的中性点上运行。

(5)若运行中的变压器与接于该变压器中性点上的消弧线圈一起停电，最好先停消弧线圈，再停变压器；送电时，顺序相反。

(6)当中性点经消弧线圈接地的电网进行线路停、送电操作时，应注意进行消弧线圈分接头的相应调节。

(7)电网采用过补偿方式运行情况下，在线路送电操作时，应先调节消弧线圈分接头的位置，以增加消弧线圈电感电流，使其适应电网线路增加后的过补偿度，然后再送电。线路停电时的操作顺序相反。

3. 消弧线圈运行中的检查项目及注意事项

消弧线圈在运行中，电气运行人员应加强巡回检查，以便及时发现异常和缺陷并进行处理，防止异常和缺陷转化为事故。具体检查项目如下：

(1)消弧线圈的补偿电流以及温度应在正常范围内。

(2)中性点位移电压不得超过额定相电压的15%；在操作过程中，允许1 h内可以超过15%，但不得超过30%。

(3)当电网发生单相接地故障时，应加强对消弧线圈及其所属设备的检查，并监视所属仪表的指示值和信号情况，以判明接地相，及时作好记录并汇报调度。

(4)消弧线圈带负荷运行时其上层油温不得超过95 ℃。若由故障引起，其持续时间不得超过运行规程或铭牌规定。

(5)定期检查气体继电器的情况，并按规定及时进行放气操作。

(6)消弧线圈的油色应正常，油位应在正常范围内。上层油温不得超过85 ℃。消弧线圈本体无渗、漏油现象。

(7)消弧线圈声音应正常。

(8)所属套管、支持绝缘子以及隔离开关、防爆玻璃等附件应完好，无破损和裂纹现象。

(9)检查外壳和中性点的接地装置完好。

(10)检查吸潮剂颜色以判明是否受潮，及时更换吸潮剂。

(11)密切监视信号装置的情况，及时发现问题并处理。

4. 消弧线圈异常及事故处理

消弧线圈及其所属设备的运行情况直接关系到整个电网的运行安全。因此，电气运行人员除加强巡回检查、认真监护等运行维护手段外，应及时处理发现的异常和故障情况，使消弧线圈及其所属设备始终保持在完好状态。消弧线圈常见的异常故障或事故以及处理方法如下。

1)系统单相接地时的检查和处理

(1)现象:消弧线圈有关保护动作,信号装置发出相应指示;绝缘监视电压表指示某相对地电压为零,其余两相对地电压升高至线电压,中性点位移电压明显升高(等于相电压);流过消弧线圈的补偿电流明显增大。

(2)原因:消弧线圈所在系统发生单相接地故障。

(3)处理方法:

值班人员应及时判明接地的相别、接地的性质(接地性质分为永久性、瞬时性和间歇性三种),读取各相关仪表指示数据和保护信号动作情况,及时向值班负责人和调度汇报。

巡视母线、配电装置、消弧线圈及其所连接的变压器。若接地故障持续 15 min 仍未消除,应详细检查消弧线圈本体,并每 20 min 检查一次。若上层油温超过 95 ℃的持续时间超过运行规程规定值(没有运行规程或运行规程未标明时,可按铭牌规定值处理),则应向调度提出申请,将该消弧线圈退出运行。

作好值班记录(包括各仪表指示值、保护及信号装置动作情况和处理经过等)。

(4)说明:

①系统发生单相接地故障时,消弧线圈允许运行 2 h。

②在系统单相接地故障未消除前,消弧线圈不得退出运行(若不退出运行,可能导致消弧线圈的损坏等,则可按相关规定并报调度批准,将消弧线圈退出运行。但退出运行的操作方案及过程应确保系统和消弧线圈的安全,必要时,将消弧线圈所连接的变压器等电气设备一同退出运行)。

③在系统单相接地故障期间,将消弧线圈退出运行的操作必须采用具有灭弧装置的设备,如断路器等进行操作,不得用隔离开关进行操作。如果没有断路器等具有灭弧装置的设备,则必须通过将消弧线圈所连接的变压器退出运行来间接地将消弧线圈退出运行。

2)欠补偿方式运行时,产生串联谐振过电压的故障处理

(1)现象:消弧线圈有关保护动作,信号装置发出相应指示;中性点位移电压表及补偿电流表指示最大值;绝缘监视电压表各相指示值升高且各相不一致;消弧线圈铁芯发出强烈的“吱吱”声;消弧线圈上层油温急剧上升等。

(2)原因:在消弧线圈所在系统以欠补偿方式运行时,电网中线路因故跳闸或断路器三相触头不同期动作等。

(3)处理方法:当电网以欠补偿方式运行产生串联谐振过电压时,值班人员应立即报告调度,然后按下列措施之一进行处理:

①降低负荷,将接有消弧线圈的主变压器连同消弧线圈一起退出运行。

②将发电厂(或变电所)与系统解列,设法消除串联谐振。

③作好值班记录(包括仪表指示值、保护及信号装置动作情况和处理经过等)。

3)消弧线圈整体发热,温度或温升超过极限值

(1)现象:消弧线圈整体发热温度表指示值升高(超过极限值)。若是消弧线圈内部故障,则气体继电器有可能动作。

(2)原因:出现这种情况,可能是由于系统发生单相接地故障,导致消弧线圈流过较大的补偿电流,且长时间得不到处理引起的;或是由于欠补偿方式运行时产生串联谐振过电压,导致消弧线圈流过较大的补偿电流,且长时间得不到处理引起;也可能是消弧线圈内部故障引起的。

(3)处理方法:首先立即将消弧线圈退出运行,再根据导致故障的原因作出相应的处理。

4)消弧线圈内部有放电的声音

(1)现象:消弧线圈内部发出"吱吱"的放电声。

(2)原因:主要原因是消弧线圈内部匝间绝缘损坏导致匝间放电,或是消弧线圈与外壳间绝缘损坏导致对外壳(地)放电。

(3)处理方法:立即将消弧线圈退出运行,对损坏绝缘进行修复或立即更换消弧线圈。

5. 必须立即将消弧线圈退出运行的故障

若在运行中发现消弧线圈有下列故障之一,必须立即将其退出运行:

(1)消弧线圈温度或温升超过极限值。

(2)消弧线圈向外喷油。

(3)消弧线圈油面骤然降低,油位指示器内已看不到油位。

(4)消弧线圈内部有强烈而又不均匀的噪声及内部有放电声。

(5)消弧线圈着火。

(6)消弧线圈更换分接头位置时,发现分接头开关接触不良。

任务4　重合器、分段器的运行及事故处理

所谓重合器是一种能够检测故障电流,并能在给定时间内切断故障电流,以及按照预先设定的程序进行给定次数重合的控制装置。

重合器实际上是一种高压开关电器。从作用方面来看,重合器集中了断路器、继电保护装置、自动重合闸装置以及操作机构等的几乎所有功能,相当于一个集成电气设备。因此,重合器不再需要另外配置控制和操作机构,也不需要另外配置控制屏、保护屏和自动重合闸装置等。此外,重合器对安装环境的要求也不高,可以安装在变电所的构架上,甚至可装设在线路的杆塔上,从而可以大大缩小变电所的土建面积,节省投资。在当前的配电系统中,重合器已是一种非常重要的自动化元件。

自动线路分段器是配电系统中用来隔离线路区段的自动保护装置。分段器通常与电源侧保护装置,例如与重合器配合使用,以达到当系统中某一线路发生故障时,将故障线路与系统分割开来,缩小停电范围的目的。

从作用方面来看,自动线路分段器类似于一个具有自动控制功能的隔离开关。

需要注意的是:重合器与分段器主要用在配电系统中(主要是10 kV配电系统)。发电系统与输、变电系统因为对继电保护和自动重合闸的要求较高,一般不采用重合器与分段器。而是采用各个独立制作的断路器、隔离开关与相应的继电保护和自动重合闸装置配合构成。

4.4.4.1 重合器的运行及事故处理

重合器具有灭弧装置，因此可以开断和接通负荷电流和故障电流，按照预先设定的程序自动进行给定次数的重合，提高供电的可靠性。

统计资料表明，在配电系统中，超过80%的故障属于暂时性故障。而重合器采用的多次重合闸方案，将会大大提高重合闸的成功率，从而减少非故障停电次数。

1. 重合器的操作及注意事项

(1)重合器投入运行前的检查项目：

为了防止将异常或有故障的重合器投入运行，从而影响正常的安全生产，重合器在投入运行前必须经过仔细、全面的检查，具体要求如下：

①重合器周围应无影响送电的杂物。

②各连接部位接触良好，无松动现象。

③重合器本体及附件应无异常。

④主回路绝缘电阻应不小于1 MΩ/ kV(采用1 000 V或2 500 V摇表测量)，控制部分绝缘电阻应不小于0.5 MΩ/ kV(采用500 V摇表测量)。

⑤套管无裂纹、无脏污及无破损现象。

⑥控制部分动作正常。

(2)重合器虽然是一种自动控制器件，但其投入运行和退出运行的操作也是由运行人员完成的。重合器与断路器一样具有分断和接通负荷电流和故障电流的能力，因此其操作步骤和注意事项与断路器基本一致，不再阐述。需要注意的是：

①在投入运行前，应预先设定好重合次数和动作程序。

②在重合器所在线路发生故障期间，不要人工将重合器退出运行，而应该由重合器自动切断电路。

2. 重合器运行中的检查项目及注意事项

重合器在运行中，要加强巡检，及时发现异常和缺陷并进行处理，防止异常和缺陷转化为事故。具体检查项目如下：

(1)重合器各导体连接部位应无发热现象。

(2)绝缘套管应完整，无裂纹，无电晕和放电现象。

(3)操作机构和各机械部件应无损伤和锈蚀，安装牢固。

(4)重合器内部无异常声音和放电声。

(5)无渗、漏油或漏气现象。

(6)外壳接地应良好。

3. 重合器异常及事故处理

1)重合器与导体连接处过热

(1)原因：重合器在运行中，不仅有负荷电流流过，而且在重合器所在的电气线路或设备发生短路等事故时，会受到短路电流的冲击。当重合器与导体连接处接触不良时，则接头处的接触电阻增大，加速接触部位的氧化和腐蚀，使接触电阻进一步加大，形成恶性循环。这种恶性循环的结果将使重合器与导体连接处过热。重合器与导体连接处发热，绝大多数是因为连接不良造成的。

(2)危害:若重合器与导体连接处过热,会引起恶性循环,导致发热的进一步加剧。发热长期得不到处理,最终会严重到连接处熔断,造成停电或电气设备损坏的重大事故。因此,电气运行人员在日常巡视中,应密切观察各连接处的发热情况,防止连接处因发热而烧断。

(3)预防和处理:预防的办法是加强巡视,密切关注各连接部位的发热情况。一旦发现发热现象,应及时减小负荷。发热到一定程度,发热部位会变色,运行人员可通过颜色的变化来判断各连接处是否过热。

(4)发现重合器与导体连接处过热后,在可能的情况下,应设法降低流经发热处的电流。发热严重时,应尽快将负荷转移到其他线路上,将线路停电检修。

(5)具体处理方法如下:

①若是由于连接处导体氧化、腐蚀引起,则拆开连接处,去除导体(铜排或铝排)的氧化、腐蚀层并清理后,涂上导电膏,然后重新紧固连接即可。

②若是由于导体连接处螺栓没有拧紧引起,则拧紧螺栓。

说明:由于发热会促使氧化或腐蚀现象的产生和发展,任何原因引起发热,一般都会伴随着导体氧化或腐蚀现象的产生。因此,即使是由于导体连接处螺栓没有拧紧引起发热的处理,最好也应将导体连接处拆开,对导体(铜排或铝排)进行检查,是否有氧化或腐蚀现象。若有氧化或腐蚀现象,则去除氧化、腐蚀层并清理后,涂上导电膏,重新紧固连接即可。

2)重合器本体过热

(1)原因:重合器在运行中,若发现重合器本体过热,一般是由下列原因引起的:

①重合器过负荷。

②重合器内部有严重故障。

(2)危害:若重合器本体过热得不到及时处理,会酿成设备损坏和停电事故。

(3)预防和处理:加强监盘,严格控制流经重合器的电流,防止事故的扩大。发现重合器过热后,应根据产生的原因区别对待。具体处理方法如下:

①若重合器发热是由于过负荷引起,则应设法减小负荷电流,将重合器本体的温度降到允许范围内。

②若过热是由于重合器内部有严重故障引起,则应尽快将负荷移到其他线路,将该重合器退出运行,进行检修或更换。

3)重合器套管闪络或爬电

(1)原因:套管表面脏污使套管表面等效爬电距离下降,或者是套管有裂缝等缺陷。

(2)危害:若重合器发生套管闪络或爬电现象,闪络或爬电进一步发展,会引起接地故障;而且,闪络和爬电产生的热量会使套管因受热不均而炸裂,从而导致停电事故。

(3)预防和处理:加强运行中的巡视,力争在闪络或爬电的初期(还没有发生导电部分与地之间的贯通闪络)就能得到处理,以防止接地事故的发生。处理办法是:若闪络或爬电是由于套管表面脏污造成的,停电(某些时候也可以不停电,但要遵守电业安全规程及相关操作规程)后,对套管表面进行清理;若闪络或爬电是由于套管损坏(如表面开裂等)造成的,则停电后更换套管。

在电力系统中，因套管表面脏污使绝缘电阻下降或套管损坏造成的事故比例较高。而且，由此产生的事故往往较严重，给工农业生产带来了很大的损失。因此，电气运行人员在巡视配电装置中，应重点加强对套管的检查。

4）重合器拒绝分闸

（1）原因：重合器操作机构（含控制回路）异常或故障。

（2）危害：若重合器拒绝分闸，则重合器的功能丧失。这时若所在线路发生故障，则必须由上一级保护配合断路器切断故障，扩大停电范围。

（3）预防和处理：加强日常维护，提高检修质量。处理办法是：将负荷转到其他线路后，将该重合器退出运行，对其操作机构（含控制回路）进行检修。

5）重合器拒绝合闸

（1）原因：重合器操作机构（含控制回路）异常或故障。

（2）危害：若重合器在运行期间拒绝合闸，则重合器的重合功能丧失。这时若所在线路发生故障，重合器切断线路后，不能进行合闸，降低了供电的可靠性。

（3）预防和处理：加强日常维护，提高检修质量。处理办法是：将负荷转到其他线路后，将该重合器退出运行，对其操作机构（含控制回路）进行检修。

重合器有油介质型、真空介质型和 SF_6 介质型等各种形式。不同的形式尚有各自特有的异常和故障类型，如渗、漏油，漏气等，这里不作介绍。

4.4.4.2 分段器的运行及事故处理

在配电系统中，大量使用分段器。分段器可以开、合额定负荷电流和闭合故障电流，但不能用来开断故障电流。因此，它必须与电源侧的保护装置，例如重合器配合使用。当线路发生故障后，电源侧的保护装置（如重合器）切断故障线路，分段器的计数装置开始计数，当达到预先整定的动作次数后，在重合器断开故障线路的瞬间，分段器自动跳开，使故障线路与系统分割开来。若未达到预先整定的动作次数，分段器不分断，重合器再次合闸，如此可恢复发生暂时性故障线路的供电。分段器所累计的计数值，经一段时间后会自动消除，为下次动作做好准备。分段器的作用类似于一个具有自动控制功能的隔离开关。

1. 分段器的操作及注意事项

1）分段器投入运行前的检查项目

为了防止将异常或有故障的分段器投入运行，从而影响正常的安全生产，分段器在投入运行前必须经过仔细、全面的检查，具体要求如下：

（1）分段器周围应无影响送电的杂物。

（2）各连接部位接触良好，无松动现象。

（3）分段器本体及附件应无异常。

（4）主回路绝缘电阻应不小于 1 MΩ/kV（采用 1 000 V 或 2 500 V 摇表测量），控制部分绝缘电阻应不小于 0.5 MΩ/kV（采用 500 V 摇表测量）。

（5）套管无裂纹、无脏污及无破损现象。

（6）控制部分动作正常。

2）分段器的操作及注意事项

分段器虽然是一种能够自动跳闸的电气设备，但其投入运行和退出运行的操作及注意事项如下：

(1)在投入运行前，应预先设定好分段器的动作次数和动作程序，而且其整定的动作次数必须比与其配合使用的重合器少一次或以上。

(2)在分段器所在线路发生故障期间，不要人工将分段器退出运行，而应该由与其配合使用的重合器自动切断电路。

3)分段器的巡视及注意事项

分段器在运行中，要加强巡检，及时发现异常和缺陷并进行处理，防止异常和缺陷转化为事故。具体检查项目如下：

(1)分段器各导体连接部位应无发热现象。

(2)绝缘套管应完整无裂纹，无电晕和放电现象。

(3)操作机构和各机械部件应无损伤和锈蚀，安装牢固。

(4)分段器内部无异常声音和放电声。

(5)无渗、漏油或漏气现象。

(6)外壳接地应良好。

2. 分段器运行中的检查项目及注意事项

1)分段器与导体连接处过热

(1)原因：分段器在运行中，不仅有负荷电流流过，而且在分段器所在的电气线路或设备发生短路等事故时，会受到短路电流的冲击。当分段器与导体连接处接触不良时，则接头处的接触电阻增大，加速接触部位的氧化和腐蚀，使接触电阻进一步加大，形成恶性循环。这种恶性循环的结果将使分段器与导体连接处过热。分段器与导体连接处发热，绝大多数是因为连接不良造成的。

(2)危害：若分段器与导体连接处过热，会引起恶性循环，导致发热的进一步加剧。发热长期得不到处理，最终会严重到连接处熔断，造成停电或电气设备损坏的重大事故。因此，电气运行人员在日常巡视中，应密切观察各连接处的发热情况，防止连接处因发热而烧断。

(3)预防和处理：加强巡视，密切关注各连接部位的发热情况。一旦发现发热现象，应及时减小负荷。发热到一定程度，发热部位会变色，运行人员可通过颜色的变化来判断各连接处是否过热。

发现分段器与导体连接处过热后，在可能的情况下，应设法降低流经发热处的电流。发热严重时，应尽快将负荷转移到其他线路上，将线路停电检修。具体处理方法如下：

①若是由于连接处导体氧化、腐蚀引起，则拆开连接处，去除导体(铜排或铝排)氧化、腐蚀层并清理后，涂上导电膏，然后重新紧固连接即可。

②若是由于导体连接处螺栓没有拧紧引起，则拧紧螺栓。

说明：由于发热会促使氧化或腐蚀现象的产生和发展，任何原因引起发热，一般都会伴随着导体氧化或腐蚀现象的产生。因此，即使是由于导体连接处螺栓没有拧紧引起发热的处理，最好也应将导体连接处拆开，对导体(铜排或铝排)进行检查，是否有氧化或腐蚀现象。若有氧化或腐蚀现象，则去除氧化、腐蚀层并清理后，涂上导电膏，重新紧固连接即可。

2)分段器本体过热

(1)原因:分段器在运行中,若发生分段器本体过热,一般是由下列原因引起的:

①分段器过负荷。

②分段器内部导电回路(如动、静触头间)接触不良(直流电阻增大)。

③分段器内部有严重故障。

(2)危害:若分段器本体过热得不到及时处理,会酿成设备损坏和停电事故。

(3)预防和处理:一是加强监盘,严格控制流经分段器的电流,防止分段器过负荷;二是提高检修质量;三是加强运行巡视,及早发现和处理分段器本体的异常和故障,防止事故的扩大。

发现分段器发热后,应根据产生的原因区别对待。具体处理方法如下:

①若分段器发热是由于过负荷引起的,则应设法减小负荷电流,将分段器本体的温度降到允许范围内。

②若发热是由于分段器内部导电回路(如动、静触头间)接触不良(直流电阻增大)引起的,则根据发热的程度和用电的需要,选择合适的时机将负荷移到其他线路,将该分段器退出运行进行处理。关于接触不良的处理在其他设备中已多次介绍。

③若发热是由于分段器内部有严重故障引起的,则应尽快将负荷移到其他线路,将该分段器退出运行,进行检修或更换。

3)分段器套管闪络或爬电

(1)原因:分段器在运行中,发生套管闪络或爬电的原因,主要是套管表面脏污使套管表面等效爬电距离下降,或者是套管有裂缝等缺陷。

(2)危害:若分段器发生套管闪络或爬电现象,闪络或爬电进一步发展,会引起接地故障;而且,闪络和爬电产生的热量会使套管因受热不均而炸裂,从而导致停电事故。

(3)预防和处理:加强运行中的巡视,力争在闪络或爬电的初期(还没有发生导电部分与地之间的贯通性闪络)就能得到处理,以防止接地事故的发生。处理办法是:若闪络或爬电是由于套管表面脏污造成的,停电(某些时候也可以不停电,但要遵守电业安全规程及相关操作规程)后,对套管表面进行清理;若闪络或爬电是由于套管损坏(如表面开裂等)造成的,则停电后更换套管。

4)分段器拒绝分闸

(1)原因:分段器操作机构(含控制回路)异常或故障。

(2)危害:若分段器拒绝分闸,则分段器的功能丧失。这时若所在线路发生永久性故障,必须由与分段器配合使用的重合器切断故障并隔离故障线路,在某些接线方式下,有可能扩大停电范围。

(3)预防和处理:加强日常维护,提高检修质量。处理方法是:将负荷转移到其他线路后,将该分段器退出运行,对其操作机构(含控制回路)进行检修。

5)分段器拒绝合闸

(1)原因:分段器操作机构(含控制回路)异常或故障。

(2)危害:若分段器拒绝合闸,则当所在线路发生永久性故障,分段器隔断故障线路后,对线路进行检修,消除故障后,无法重新送电,降低了供电的可靠性。

(3)预防和处理:加强日常维护,提高检修质量。处理方法是:将负荷转移到其他线路后,将该分段器退出运行,对其操作机构(含控制回路)进行检修。

任务5　防雷装置与接地装置的运行及事故处理

电气设备在日常运行中,常常会遭受各种类型的雷击和雷电波的入侵。为了保护电气设备安全可靠的运行,必须采取措施,使电气设备免遭雷击。在电力系统中,防雷装置是必不可少的安全装置。

使电气设备免遭雷击和雷电波入侵的装置,称为防雷装置。防雷装置的工作原理是,设法将各种类型的雷击引向防雷装置自身,并通过接地装置将高电压、大电流的雷电波引入大地,从而使被保护的电气设备免遭雷击。或者在入侵电气设备前,将高电压、大电流的雷电波通过防雷装置及其附属的接地装置引入大地,使被保护的电气设备免遭雷电波入侵。

由上述分析可知,防雷装置必须与接地装置配合使用方能起到防雷的作用。此外,在电力系统中,为了防止电气设备因绝缘损坏而导致设备外壳带电,从而威胁人身安全,一般都将电气设备的外壳接地或接零。另一方面,为了保证电力系统正常工作,在某些情况下也需要接地。如变压器中性点直接接地或通过消弧线圈接地,防雷装置的接地等。

电气设备某部分经导体与大地良好的连接称为接地,它是由接地装置来实现的。

4.4.5.1　防雷装置

防雷装置不管形式如何多样,主要是由引雷部分、接地引下线和接地体三部分组成的。根据预防对象的不同,常用的防雷设备主要分为下列几类:

(1)避雷针:主要用于保护建筑物或户外电气设备(例如户外安装的变压器、配电装置等)免遭直击雷的雷击。

(2)避雷线:又称为架空地线,主要用于保护输电线路免遭直击雷的雷击。

(3)避雷网和避雷带:主要用于保护建筑物免遭直击雷的雷击。建筑物的屋角、屋檐等突出部位都应装设避雷带。

(4)避雷器:主要用于保护电气设备免遭雷电波的入侵。避雷器主要有阀型避雷器、管型避雷器和金属氧化物避雷器等种类。

(5)保护间隙:某些要求不高的情况下可以用保护间隙代替避雷器。

此外,感应雷也会严重威胁建筑物的安全和电力系统的正常运行。预防感应雷的主要措施是将建筑物内的金属设备、金属管道及结构钢筋等可靠接地。

1. 防雷装置投入运行前的检查项目及注意事项

为了保证防雷装置投入使用后,能安全可靠地工作,防雷装置在投入运行前必须经过仔细、全面的检查,具体要求如下:

(1)防雷装置的接地电阻应符合规定要求。

(2)各连接部位连接良好,无松动现象,焊接部位焊接合格。

(3)避雷器已完成各项试验并符合要求。

(4)防雷装置各组成部位应无异常。

(5)避雷器本体无裂纹、无脏污及无破损现象。

(6)控制部分动作正常。

(7)检查避雷器与被保护设备之间的电气距离是否符合要求。

2. 防雷装置运行中的检查、维护项目及注意事项

防雷装置在运行中,要加强巡检,及时发现异常和缺陷并进行处理,严防防雷装置形同虚设或防雷性能下降。具体检查项目如下:

(1)防雷装置引雷部分、接地引下线和接地体三者之间连接良好。

(2)运行中应定期测试接地电阻,接地电阻应符合规定要求。

(3)避雷器应定期做好预防性试验。

(4)避雷针、避雷线及其接地线应无机械损伤和锈蚀现象。

(5)避雷器绝缘套管应完整,表面应无裂纹、无严重污染和绝缘剥落等现象。

(6)定期抄录放电记录器所指示的避雷器的动作次数。

(7)接地部分接地应良好。

此外,在每年的雷雨季节来临之前,应进行一次全面的检查、维护,并进行必要的电气预防性试验。具体的试验项目(其中有关避雷器部分以阀型避雷器为例)如下:

①测量接地部分的接地电阻。

②避雷器标称电流下的残压试验。

③避雷器工频放电电压试验。

④避雷器密封试验等。

3. 防雷装置异常及事故处理

1)避雷器的引线及接地引下线有严重烧痕或放电记录器烧坏

(1)原因:阀型避雷器的引线及接地引下线有严重烧痕或放电记录器烧坏,主要原因往往是避雷器存在隐性缺陷。

在正常情况下,避雷器动作以后,接地引下线和放电记录器中只通过雷电流和幅值很小(一般为 80 A 以下)、时间很短(约 0.01 s)的工频续流,所以除使放电记录器动作外,一般不会产生烧坏的痕迹。然而,当阀型避雷器内部阀片存在缺陷或不能及时灭弧时,则通过的工频续流的幅值增大、时间加长,这样接地引下线的连接处会产生烧坏的痕迹,或使放电记录器内部烧黑或烧坏。

(2)危害:若发现避雷器的引线及接地引下线有严重烧痕或放电记录器烧坏,没有引起重视并对避雷器进行相应的检查和处理,那么,随着时间的推移,就有可能使避雷器损坏,或引线连接处烧断,从而使避雷器形同虚设,起不到避雷作用。

(3)预防和处理:加强巡视,密切关注各连接部位的情况。一旦发现避雷器的引线及接地引下线有严重烧痕或放电记录器烧坏,应立即设法将避雷器退出运行,对避雷器进行检查和试验,并进行处理。必要时更换避雷器。

2)避雷器套管闪络或爬电

(1)原因:避雷器在运行中,发生套管闪络或爬电的原因,主要是套管表面脏污使套管表面等效爬电距离下降,或者是套管有裂缝等缺陷。

(2)危害:若避雷器发生套管闪络或爬电现象,常常会引起放电记录器的误动作。闪络或爬电进一步发展,会引起电网接地故障,而且闪络和爬电产生的热量会使套管因受热

不均而炸裂,从而导致停电事故。

(3)预防和处理:预防的办法是加强运行中的巡视,力争在闪络或爬电的初期(还没有发生导电部分与地之间的贯通性闪络)就能得到处理,以防止接地事故的发生。处理办法是:若闪络或爬电是由于套管表面脏污造成的,停电(某些时候也可以不停电,但要遵守电业安全规程及相关操作规程)后,对套管表面进行清理;若闪络或爬电是由于套管损坏(如表面开裂等)造成的,则停电后更换套管。

4. 注意事项

在进行防雷装置的异常或事故处理时,应注意以下事项:

(1)如果在雷雨时发现防雷装置有异常,只要防雷装置还能使用,就不能将防雷装置退出运行。待雷雨过后再行处理。

(2)发现避雷器内部有异常声音或套管有炸裂现象,并引起电网接地故障时,值班人员应避免靠近避雷器。可用断路器或人工接地转移的方法,将故障避雷器退出运行。

(3)阀型避雷器在运行中突然爆炸,但尚未造成电网永久性接地时,可在雷雨过后拉开故障相的隔离开关将避雷器退出运行,并及时更换合格的避雷器。

(4)阀型避雷器在运行中突然爆炸,并已造成电网永久性接地时,则严禁通过操作隔离开关来将避雷器退出运行。

4.4.5.2 接地装置

电气设备必须接地的部分与大地作良好的连接,称为接地。埋设在地下并直接与大地接触的金属导体,称为接地体。将电气设备的接地部分与接地体连接起来的金属导体称为接地线。由接地线、接地体连接起来而形成的网,称为接地网。接地线、接地体和接地网统称为接地装置。此外,从变压器或低压发电机的中性点引出并接地的线,称为中性线(或零线)。将电气设备的某部分(一般为设备金属外壳)与零线连接,称接零。

避雷针的接地一般采用独立的接地体构成环状。而避雷器的接地以及其他接地系统的接地和变压器、低压发电机的中性点接地一般都接入总接地网。

除防雷装置接地和工作接地外,电压在 1 kV 及以上的电气装置,在各种情况下均应采取保护接地。电压在 1 kV 以下的电气装置,若中性点直接接地,应采取保护接零;若中性点不直接接地,则应采取保护接地。下列电气装置的金属部分应接地或接零:

(1)各种电气设备的外壳。

(2)电流互感器、电压互感器的二次绕组。

(3)开关柜、配电屏、动力箱和控制屏等各种电气屏、柜、箱的外壳及基础。

(4)屋外配电装置的金属构架以及靠近带电部分的金属围栏和金属门。

(5)电缆接线盒、终端盒的外壳和电缆的外皮。

(6)各电缆(或电线)的金属保护管。

(7)装有避雷线的电力线路杆塔。

(8)安装在配电线路杆塔上的开关设备、电容器等电力设备。

任务 6　低压电气设备的运行及事故处理

额定电压在 1 000 V 以下的电气设备称为低压电气设备。低压电气设备种类繁多,这里主要讲述低压开关电器。

低压开关电器主要分为低压断路器、闸刀开关和接触器等。此外，用于保证人身安全的漏电保护器也可看作是低压开关电器。

4.4.6.1 低压断路器的运行及事故处理

低压断路器过去又称为自动空气开关，其用途与高压断路器差不多，只不过使用在不同的电压等级而已。低压断路器往往自身带有短路和过载保护装置以及欠电压保护装置，既可以独立工作，也可以与继电保护配合工作；而高压断路器一般没有各种保护装置，需要与继电保护配合工作。这是两者在功能上的最大区别。

常用的国产低压断路器有 DW 系列万能式自动空气开关和 DZ 系列塑壳式自动空气开关，常用的国外引进（或国内组装、合资生产）的低压断路器有 ME、AH 系列等。

低压断路器具有下列功能：

(1)低压断路器具有灭弧装置，因此可以开断和接通负荷电流和故障电流。

(2)具有多种保护功能，如短路保护、过载保护以及欠电压保护等。

1. 低压断路器的操作及注意事项

1)低压断路器投入运行前的检查项目

为了防止将异常或有故障的低压断路器投入运行，从而影响正常的安全生产，低压断路器在投入运行前必须经过仔细、全面的检查，具体要求如下：

(1)低压断路器周围应无影响送电的杂物。

(2)各导电连接部位接触良好，无松动现象。

(3)低压断路器本体及附件应无异常。

(4)主回路及控制回路绝缘电阻应不小于 0.5 MΩ/kV（采用 500 V 摇表测量）。

(5)各种保护装置动作正常，整定值符合要求。

(6)控制部分动作正常。

由于低压断路器具有开断和接通负荷电流和短路电流的能力，其功能相当于在低压回路中的高压断路器。因此，其操作步骤和注意事项与高压断路器基本一致，共同部分不再讲述。需要注意的是：若低压断路器与继电保护配合工作，则必须将低压断路器自带的保护功能解除；若采用低压断路器自带的保护功能，则应将各种保护装置的动作值整定好，并符合要求。

2)低压断路器运行中的检查项目及注意事项

低压断路器在运行中，要加强巡检，及时发现异常和缺陷并进行处理，防止异常和缺陷转化为事故。具体检查项目如下：

(1)低压断路器各导体连接部位应接触良好，无发热现象。

(2)绝缘部位应清洁、干燥，无放电现象。

(3)操作机构和各机械部件应无损伤和锈蚀，安装牢固，调整符合要求。

(4)动、静触头应无烧损现象。

(5)应无异常声音和放电声。

(6)灭弧装置应无破裂或松动现象。

(7)合闸电磁铁（或电动机）以及电动合闸机构应良好。

(8)外壳接地应良好。

2. 低压断路器异常及事故处理

1)低压断路器与导体连接处过热

(1)原因:低压断路器在运行中,不仅有负荷电流流过,而且低压断路器所在的电气线路或设备发生短路等事故时,还会受到短路电流的冲击。当低压断路器与导体连接处接触不良时,接头处的接触电阻增大,加速接触部位的氧化和腐蚀,使接触电阻进一步加大,形成恶性循环。这种恶性循环的结果将使低压断路器与导体连接处过热。

低压断路器与导体连接处发热,绝大多数是因为连接不良造成的。

(2)危害:若低压断路器与导体连接处过热,会引起恶性循环,导致发热的进一步加剧。发热长期得不到处理,最终会严重到连接处熔断,造成停电或电气设备损坏的重大事故。因此,电气运行人员在日常巡视中,应密切观察各连接处的发热情况,防止连接处因发热而烧断。

(3)预防和处理:预防的办法是加强巡视,密切关注各连接处部位的发热情况。一旦发现发热现象,应及时减小负荷。发热到一定程度,发热部位会变色,运行人员可通过颜色的变化来判断各连接处是否发热。

发现低压断路器与导体连接处发热后,在可能的情况下,应设法降低流经发热处的电流。发热严重时,在可能的情况下应尽快将低压断路器停电检修。具体处理方法如下:

①若是由于连接处导体氧化、腐蚀引起的,则拆开连接处,去除导体(铜排或铝排)氧化、腐蚀层并清理后,涂上导电膏,然后重新紧固连接即可。

②若是由于导体连接处螺栓没有拧紧引起的,则拧紧螺栓。

说明:由于发热会促使氧化或腐蚀现象的产生和发展,任何原因引起发热,一般都会伴随着导体氧化或腐蚀现象的产生。因此,即使是由于导体连接处螺栓没有拧紧引起发热的处理,最好也应将导体连接处拆开,对导体(铜排或铝排)进行检查,是否有氧化或腐蚀现象。若有氧化或腐蚀现象,则去除氧化、腐蚀层并清理后,涂上导电膏,然后重新紧固连接即可。

2)低压断路器触头有严重烧灼现象

(1)原因:一般是由于负荷过大或低压断路器触头没有调整好(如合闸后触头压力偏小,动、静触头错位等)导致接触电阻过大造成的。

(2)危害:与低压断路器与导体连接处发热的危害相同。

(3)预防和处理:预防的办法是加强巡视,一旦发现触头有发热现象,应及时减小负荷。发热严重时,在可能的情况下应尽快将低压断路器停电检修。具体处理方法如下:

①若是由于负荷过大引起,则尽量将负荷减小到允许范围,该断路器不必退出运行。

②若是由于低压断路器触头没有调整好引起,则应将该低压断路器退出运行,进行检修或更换相关部件。

3)低压断路器绝缘部分闪络或爬电

(1)原因:低压断路器在运行中,发生绝缘部分闪络或爬电的原因,主要是绝缘部分表面脏污、受潮使等效爬电距离下降,或者是绝缘部件存在缺陷。

(2)危害:低压断路器发生绝缘部分闪络或爬电现象,如果得不到及时处理,随着闪络或爬电的进一步发展,会引起接地故障,从而导致停电事故。

(3)预防和处理:预防的办法是加强运行中的巡视,力争在闪络或爬电的初期(还没有发生导电部分与地之间的贯通性闪络)就能得到处理,以防止接地事故的发生。处理办法如下:

①若闪络或爬电是由于绝缘部分表面脏污、受潮引起的,停电(某些时候也可以不停电,但要遵守电业安全规程及相关操作规程)后,对绝缘部分进行清理、干燥。

②若闪络或爬电是由于绝缘部件存在缺陷造成的,则将断路器停电后修复或更换相关绝缘部件。

4)低压断路器拒绝分、合闸

(1)原因:低压断路器操作机构(含控制回路)异常或故障。

(2)危害:若低压断路器拒绝合闸,没有多大危害。若低压断路器拒绝分闸,当所在线路或设备发生故障时,则必须由上一级保护配合上一级断路器切断故障,扩大停电范围。若低压断路器用于控制电动机,当电动机发生过载时,一般情况下达不到上一级保护的动作值,因此电动机就会因失去过载保护而损坏。

(3)预防和处理:预防的办法是加强日常维护,提高检修质量。处理办法是:将该低压断路器退出运行,对其操作机构(含控制回路)进行检修。

4.4.6.2 低压隔离开关的运行及事故处理

低压隔离开关又称刀开关。低压隔离开关一般用于手动操作,因此没有控制回路和合闸回路。另外,它也没有灭弧装置,不能用来开断故障电流和短路电流,也不能用来开断和接通较大的负荷电流,有些情况下可用来开断和接通较小的负荷电流。因此,它必须与熔断器(或低压断路器)串联配合使用。

低压隔离开关种类很多,按极数可分为单极、双极和三极等,按有无灭弧装置可分为带灭弧罩和不带灭弧罩,按操作方式可分为直接手柄操作和带杠杆机构式操作,按用途可分为单投和双投。

低压隔离开关的运行维护和事故处理与低压断路器基本相同,只是少了控制回路部分。但当低压隔离开关与低压断路器配合使用时,其操作应遵守倒闸操作的相关规定:

停电时,应先断开低压断路器,然后断开低压隔离开关;送电时,应先合上低压隔离开关,然后合上低压断路器。

4.4.6.3 接触器的运行及事故处理

接触器是利用电磁吸力实现电路通断的低压开关。接触器操作简便,动作迅速,灭弧性能好,主要用于远距离接通和控制分断额定电压在500 V及以下的交、直流电路和大容量的控制回路。其主要控制对象为电动机,也可以用来控制其他负载。接触器自己不带保护单元,但可以与继电保护(或热继电器)配合开断故障电流和短路电流,也可以与继电器配合来实现自动控制。

接触器一般由铁芯线圈、主触头、辅助触头和灭弧栅组成。当线圈两端接上额定电压时,因线圈通过电流而使铁芯吸合,从而带动主、辅触头动作,实现电路的通断控制。

接触器分为交流和直流两种,其中交流接触器使用最为广泛。

接触器与断路器不同,接触器在运行中其线圈必须始终通电以保持接触器处于吸合状态，线圈一旦失电或线圈两端电压低于一定值时，接触器就会释放，从而断开主电路；而断路器一旦合闸，就靠机械机构保持在合闸状态，合闸线圈不再需要通电。因此，接触器在运行中，若电压（一般情况下，接触器的控制电源直接从主电源中引接）消失或低于一定值（即使是瞬时），接触器就会释放，故在电压波动较大的场合不宜使用接触器。如所在电网有大型电动机且变压器容量较小，大型电动机启动过程中电网电压会显著下降，从而导致接触器非正常释放，断开主电路，影响正常生产。

接触器的操作、运行维护及事故处理与低压断路器基本相同。

4.4.6.4 漏电断路器和漏电保护器的运行及事故处理

目前，在低压配电系统和用电系统中，越来越多地使用漏电断路器和漏电保护器，漏电断路器和漏电保护器是用于低压电网中防止人身触电或防止因漏电而引起火灾、爆炸事故的安全保护电器。

漏电断路器的主要结构是在一般低压断路器中增加了一个高灵敏的零序电流互感器和漏电脱扣器。漏电保护的原理是：在三相电路中，将三相电线或中性线穿过零序电流互感器，在正常情况下，三相电流的相量和为零，漏电脱扣器不动作；当线路或电气设备因绝缘损坏而发生漏电、接地故障或人身触及带电部分时，三相电流的相量和不为零，这时零序电流互感器检出不平衡电流（即漏电电流），当漏电电流达到或超过脱扣器的动作值时，漏电脱扣器立即动作，开关切断电源，从而起到漏电保护的作用。在单相电路中，使用漏电保护器，其保护原理与三相电路中的漏电断路器基本相同。

漏电断路器和漏电保护器在运行中应定期进行保护动作试验。其他的操作、运行维护及事故处理与一般低压开关电器基本相同。

任务7 负荷开关的运行及事故处理

负荷开关是一种带有简单灭弧装置的开关电器。负荷开关开断和接通电流的能力介于断路器与隔离开关之间，它能在额定电压下接通和开断负荷电流，但不能开断故障电流和短路电流，真空式和 SF_6 气体式负荷开关能开断较小的过负荷电流。负荷开关的结构比较简单。

高压负荷开关按使用场所的不同，可分为户内型和户外型；按使用的灭弧介质的不同，可分为压气式、产气式、真空式和 SF_6 气体式四种。

在大多数情况下，负荷开关和高压熔断器配合使用，由负荷开关接通和开断负荷电流和不大的过负荷电流，由熔断器切断短路电流和较大的过负荷电流。

产气式负荷开关是目前我国使用最为广泛的一种负荷开关，但由于其只能开断正常的负荷电流而不能开断过负荷电流，与熔断器配合存在死区。当过负荷电流大于负荷开关的额定开断电流而又小于熔断器的熔断电流时，两者都不能开断。而真空式和 SF_6 气体式负荷开关不仅能开断正常的负荷电流，同时也能开断一定程度下的过负荷电流，两者与熔断器配合没有死区。

真空式负荷开关在性能上与 SF_6 气体式负荷开关基本相同，在某些指标上还超过 SF_6 气体式负荷开关，且价格比 SF_6 气体式负荷开关便宜。因此，真空式负荷开关在我国是最有发展前途的一种负荷开关。表4-5列出了35 kV真空式负荷开关与产气式负荷开关的性能比较。

表 4-5 真空式负荷开关与产气式负荷开关的性能比较

名称	额定开断电流	开断最大转移电流	带负荷操作次数	灭弧性能	与熔断器配合	维护
产气式	400 A	无指标	<30 次	一般	不易(有死区)	定期更换灭弧材料
真空式	1 000 A	3 150 A	1 000 次	好	容易(无死区	免维护

4.4.7.1 负荷开关的正常运行方式

负荷开关正常情况下应在其额定电压、额定电流下运行。由于负荷开关具有简单的灭弧装置,能接通和开断负荷电流,真空式和 SF_6 气体式负荷开关还能开断一定范围内的过负荷电流,因此可利用负荷开关进行下列操作:

(1)接通和开断空载长线路。

(2)接通和开断空载变压器。

(3)接通和开断电容器组。

(4)与限流熔断器串联组合可代替熔断器。

(5)用作变电所 10 kV 母线分段开关。

(6)用于配电线路上作为分段开关、旁路开关、联络开关,带负荷操作。

4.4.7.2 负荷开关的操作及注意事项

(1)严禁用负荷开关来切断短路电流等。虽然负荷开关具有简单的灭弧装置,但只能接通和开断负荷电流,不能用来切断短路电流。

(2)负荷开关合闸操作及注意事项。若负荷开关没有电动操作机构,只有手动操作机构,那么在进行负荷开关合闸操作时必须迅速果断,但合闸终了时用力不可过猛,防止冲击过大损坏负荷开关及其附件。合闸后应检查是否已合到位,动、静触头是否接触良好等。

☆说明:如果在负荷开关合闸操作的过程中发现触头间有电弧产生(误合负荷开关),应果断将负荷开关合到位。严禁将负荷开关再拉开,以免造成带负荷拉刀闸的误操作。

(3)负荷开关拉闸操作及注意事项。若负荷开关没有电动操作机构,只有手动操作机构,那么在负荷开关拉闸操作的开始期间,要缓慢而又谨慎,当刀片刚刚离开静触头时注意有无电弧产生。若无电弧产生等异常情况,则迅速果断地拉开,以利于迅速灭弧。负荷开关拉闸后应检查是否已拉到位。

☆说明:如果在负荷开关刀片刚刚离开静触头瞬间有电弧产生,应果断地将负荷开关重新合上,停止操作,待查明原因并处理完毕后再进行拉闸操作。

如果在负荷开关刀片刚刚离开静触头瞬间有电弧产生(误拉负荷开关)仍强行拉开负荷开关的话,可能造成带负荷拉刀闸的严重事故。

4.4.7.3 负荷开关运行中的检查项目及注意事项

负荷开关在运行中,要加强巡查,及时发现异常和缺陷并进行处理,防止异常和缺陷转化为事故。具体检查项目如下:

(1)负荷开关触头应无发热现象。

(2)绝缘子应完整无裂纹,无电晕和放电现象。

(3)操作机构和各机械部件应无损伤和锈蚀,安装牢固。

(4)动、静触头的消弧部位应无烧伤、不变形。

(5)动、静触头无脏污、无杂物、无烧痕。

(6)动、静触头间接触良好。

(7)压紧弹簧和铜辫子无断股、无损伤。

(8)接地部分应接地良好。

(9)各辅助部分情况良好。

4.4.7.4 负荷开关异常及事故处理

1. 负荷开关接触部位过热

现场运行经验表明,负荷开关触头因发热而烧损的现象比较常见。负荷开关触头发热的原因及相应的处理方法如下:

(1)触头压紧弹簧性能(如弹性)下降。触头压紧弹簧弹性下降会使动、静触头接触面压力不够,从而导致接触电阻的增大。接触电阻的增大又会使发热量增加,使接触面处温度进一步上升。温度的升高又会使压紧弹簧弹性进一步下降,形成恶性循环。这种现象如果得不到及时处理,就会酿成动、静触头烧损从而导致非正常停电的重大事故。

处理方法:更换或调整弹簧。

(2)动、静触头间接触不良(如触头氧化或腐蚀导致接触电阻增大)。动、静触头接触不良,就会使动、静触头间的接触电阻增大。因此,动、静触头间接触不良情况的演变和后果,同触头压紧弹簧弹性下降一样。

处理方法:去除氧化层,并在结合面上涂导电膏。

(3)动、静触头间接触面积偏小,触头错位。动、静触头间接触面积偏小,触头错位,就会使动、静触头间的接触电阻增大。因此,动、静触头间接触面积偏小情况的演变和后果,同触头压紧弹簧弹性下降一样。

处理方法:重新调整触头,使动、静触头间全接触。

(4)负荷开关与铜排连接处接触不良(如连接处氧化或腐蚀导致接触电阻增大)。负荷开关与铜排连接处接触不良,就会使负荷开关与铜排连接处的接触电阻增大。接触电阻增大使连接处发热量增加,会使连接处温度上升。而温度上升又反过来使接触电阻进一步增大,形成恶性循环。这种现象如果得不到及时处理,就会酿成负荷开关与铜排连接处烧断,从而导致非正常停电的重大事故。

处理方法:去除氧化层,并在结合面上涂导电膏。

(5)负荷开关与铜排连接处固定不紧。负荷开关与铜排连接处固定不紧会导致连接处接触电阻增大。这种情况的演变和后果同负荷开关与铜排连接处接触不良相同。

处理方法:紧固连接。

2. 支柱绝缘子闪络

负荷开关导电部分与基座之间是靠支柱绝缘子连接并形成绝缘的。当支柱绝缘子脏污或有裂纹时,就会产生爬电或闪络现象。如果爬电或闪络现象得不到及时处理,就会引起接地事故的发生。支柱绝缘子闪络产生的具体原因及相应的处理方法如下：

(1)绝缘子表面脏污或有杂物,使得绝缘子的绝缘性能下降,从而引发闪络事故。

处理方法:清洁绝缘子并擦干。

(2)绝缘子表面有裂纹,也会使绝缘子的绝缘性能下降,从而引发闪络事故。

处理方法:更换绝缘子。

☆说明:绝缘子发生闪络现象后,闪络处温度会上升,导致绝缘子因各部位不均匀受热、温度差异较大而爆裂。

3. 负荷开关拒绝分、合闸

负荷开关拒绝分、合闸,一般是由于负荷开关操作机构故障或控制回路(若为电动操作机构)故障所引起。具体原因及相应的处理方法如下:

(1)负荷开关操作机构故障。

处理方法:修复操作机构。

(2)负荷开关传动机构故障。

处理方法:修复传动机构。

(3)控制设备或控制回路故障。

处理方法:修复控制设备或控制回路。

任务8　电力电容器与电容补偿柜的运行及事故处理

在电力系统和工业企业用户中,电力电容器主要用来提高电网的功率因数。众所周知,绝大多数用电设备不仅需要消耗有功功率,而且还需要消耗一定的无功功率。一般情况下,用电设备消耗的无功功率主要为感性无功功率。在电网中通过并联电容器或电容器组,可以提高电网的功率因数,从而降低线路损耗和电压损失,提高电网运行的经济性和电能质量。电容补偿柜是把补偿电容器与开关电器和控制电器组装在一面柜内。

4.4.8.1　电力电容器的操作及注意事项

1. 新装电容器或电容补偿柜投入运行前的检查

(1)新装电容器或电容补偿柜投入运行前应按交接试验项目进行试验并合格(检修后的电容器或电容补偿柜投入运行前应按预防性试验项目进行试验并合格)。

(2)电容器或电容补偿柜及附属设备情况良好,电容器无渗、漏油现象。

(3)各连接部位接触良好,连接牢固。

(4)放电电阻的容量和电阻值应符合规程要求,并经试验合格。

(5)保护配备完整并动作正常。

(6)所处环境通风良好、干燥。

(7)接地部分接地良好。

2. 电容器或电容补偿柜的操作

电容器在操作过程中会产生操作过电压和合闸涌流,该涌流可达电容器组额定电流的几倍,甚至几十倍,以致引起所在电网的电气设备绝缘损坏和电容器击穿。因此,在电容器组或电容补偿柜的操作过程中应特别仔细。

(1)电容器组或电容补偿柜的投入或退出是由所在电网电压和功率因数决定的,当变电所全部停电操作时,应首先拉开电容器组或电容补偿柜,然后进行其他电气设备的停电操作;当变电所恢复供电时,应首先将其他电气设备投入运行,再根据电压和功率因数情况决定是否投入电容器组或电容补偿柜以及投入的组数(若电容器组或电容补偿柜带有自动控制装置,则会根据电压和功率因数情况自动投入合适的组数)。

(2)发生下列情况之一时,应立即将电容器组或电容补偿柜退出运行:

①电容器组母线电压超过其额定电压的1.1倍或超过规程规定值。

②通过电容器组的电流超过电容器组额定电流的1.3倍。

③电容器温度超过规定的允许值。

④周围环境温度超过规定的允许值。

⑤电容器内部有异常声音或放电声。

⑥电容器外壳明显膨胀。

⑦电容器瓷套管发生严重放电或闪络。

⑧电容器喷油、起火或油箱爆炸。

(3)发生下列情况之一时,在没有查明原因的情况下不得将电容器组或电容补偿柜投入运行:

①电容器组或电容补偿柜开关跳闸后。

②熔断器熔丝熔断后。

(4)禁止带电荷进行合闸操作。电容器组或电容补偿柜在每次拉闸后,必须通过放电装置进行放电,待电荷消失后才能再进行合闸操作。

4.4.8.2 电力电容器运行中的检查、维护项目及注意事项

电力电容器在运行中,要加强检查和维护,及时发现异常和缺陷并进行处理,防止异常和缺陷转化为事故。具体检查项目如下:

(1)各连接部位应接触良好,无发热现象。

(2)电容器或电容补偿柜及附属设备情况良好。

(3)电容器无渗、漏油现象。

(4)电容器内部无异常声音或放电声。

(5)电容器瓷套管无放电或闪络现象。

(6)电容器外壳应无变形。

(7)带有自动控制装置的电容器组或电容补偿柜应能根据电压和功率因数的变化,自动控制电容器投入运行的组数,使电压和功率因数在规定的范围内。

(8)接地部位接地良好。

4.4.8.3 电力电容器异常及事故处理

1. 电容器与导体连接处过热

(1)原因:连接部位松动或氧化、腐蚀。

(2)危害:长期发热可能会导致连接处熔断。

(3)预防和处理:加强运行中的巡视,及早发现发热现象并进行紧固和去氧化、腐蚀处理,并涂上导电膏。

2. 瓷套管放电或闪络

(1)原因:瓷套管表面脏污、受潮,瓷套管损坏(如有裂纹等)。

(2)危害:放电或闪络长期得不到处理,会导致导电部分发生接地故障。

(3)处理:若是由于脏污、受潮引起的,则将电容器组或电容补偿柜退出运行后进行清洁、干燥处理;若是由于瓷套管损坏(如有裂纹)引起的,则将电容器组或电容补偿柜退出运行后更换损坏部件。

3. 电容器渗、漏油

(1)原因:质量不合格、长期得不到维护引起锈蚀等导致外壳破损而引起渗、漏油。

(2)危害:电容器内部油量减少使电容量下降、绝缘下降。长期得不到处理会造成电容器失效或损坏。

(3)处理:更换电容器。

4. 电容器温度急剧上升,严重时电容器向外喷油

(1)原因:电容器过电流或通风不良。

(2)危害:长期得不到处理会造成电容器失效或损坏。

(3)处理:若为过电流引起,则查明原因后进行处理;若为通风不良造成,则设法保持通风良好。

5. 电容器爆炸

(1)原因:电容器内部有严重故障。

(2)危害:电容器失效,补偿作用下降,甚至引发火灾。

(3)处理:更换电容器。

6. 母线电压和功率因数异常

(1)原因:一般是带自动控制装置的电容器组或电容补偿柜的自动控制装置故障,从而导致控制失控引起。

(2)危害:不仅起不到补偿无功功率的作用,还会使电网质量下降、经济性变差。

(3)处理:将电容器组或电容补偿柜退出运行后,修复自动控制装置。

任务9　直流系统的运行及事故处理

在电力系统中,为了供给控制、信号、保护、自动装置、事故照明、直流事故油泵和交流不间断电源等用电,要求配备可靠的直流电源。为此,发电厂和变电所通常采用具有可充电性能的蓄电池作为直流电源。目前,充电装置一般采用可控硅高频充电装置;蓄电池一般采用免维护铅酸电池,运行维护工作量大大简化。

在电力系统中,直流系统一般由充电装置、蓄电池组及各种测量、控制、保护和信号单元等组成。

直流系统根据所用直流电源的不同,主要分为下列几类:

(1)蓄电池直流系统。主要用于发电厂和110 kV及以上变电所。

(2)电容储能直流系统。主要用于110 kV以下的终端变电所和用直流电源的单个设备。

(3)复式直流系统。主要用于110 kV以下的终端变电所和用直流电源的单个设备。

本书主要讨论蓄电池直流系统。对于其余类型的直流系统,请参考相关书籍。目前一般采用免维护铅酸电池组,因此其运行、维护较为简单。

4.4.9.1 直流系统运行中的检查、维护项目及注意事项

为了保证直流系统投入使用后,能安全可靠地工作,以确保电气设备的控制、保护及信号装置和自动装置动作正常,直流系统在投入运行前必须经过仔细、全面的检查,具体要求如下:

(1)蓄电池室通风应良好,并经常保持清洁。

(2)各连接部位连接良好,无松动现象。

(3)每节蓄电池液位在正常范围内,无渗、漏液现象。

(4)各组成部分工作正常。

(5)蓄电池本体无裂纹、无脏污及破损现象。

(6)控制部分动作正常。

(7)应定期对蓄电池组进行充、放电试验。

4.4.9.2 直流系统异常及事故处理

1. 直流系统有关导体连接处过热

(1)原因:连接部位松动或氧化、腐蚀。

(2)危害:长期发热可能会导致连接处熔断。

(3)预防和处理:加强运行中的巡视,及早发现发热现象并进行紧固和去氧化、腐蚀处理,并涂上导电膏。

2. 蓄电池组温度偏高

(1)原因:直流过负荷或通风不良。

(2)危害:长期得不到处理会造成蓄电池寿命下降或损坏。

(3)处理:若为直流过负荷引起,则应减少直流负荷;若为通风不良造成,则设法保持通风良好。

3. 蓄电池外壳膨胀

(1)原因:蓄电池内部有严重故障。

(2)危害:长期得不到处理会造成蓄电池损坏或直流电压不正常。

(3)处理:更换蓄电池。

4. 蓄电池爆炸

(1)原因:蓄电池内部有严重故障。

(2)危害:造成蓄电池损坏或直流电压不正常,甚至引发火灾。

(3)处理:更换蓄电池。

5. 母线电压异常

(1)原因:高频直流电源控制系统故障。

(2)危害:影响电气设备的控制、保护及信号装置和自动装置的正常工作,严重时,会导致控制、保护及信号装置和自动装置失灵。

(3)处理:将高频直流电源退出运行后,修复控制装置。

6. 蓄电池渗、漏液

(1)原因:外壳质量不合格、外壳受到撞击等导致外壳破损而引起渗、漏液。

(2)危害:长期得不到处理会造成蓄电池失效或损坏。

(3)处理:更换蓄电池。

7. 绝缘监测装置报警

(1)原因:某一直流回路绝缘下降超过规定值。

(2)危害:直流系统发生一点接地不会影响正常使用,但长期得不到处理,就有可能发生第二点接地,从而导致直流系统短路或继电保护与自动装置误动。

(3)处理:检查相关回路,将绝缘处理合格。

参考文献

[1] 国家电网公司．国家电网公司电力安全工作规程(变电部分)[M]．北京:中国电力出版社,2009.

[2] 国家电网公司．国家电网公司电力安全工作规程(水电厂动力部分)[M]．北京:中国电力出版社,2006.

[3] 郑州供电公司．变电运行实用技术问答[M]．北京:中国电力出版社,2009.

[4] 杨志辉,刘宝贵．电气运行技术与管理[M]．北京:中国电力出版社,2008.

[5] 周统中,郑晓丹．水电站机电运行[M]．郑州:黄河水利出版社,2007.

[6] 单文陪．水电站机电设备的安装、运行与检修[M]．北京:中国水利水电出版社,2005.

[7] 虞放．电气一次设备运行与维护[M]．南京:河海大学出版社,1995.

[8] 黄林根,吴卫国．电气设备运行与维护[M]．南京:河海大学出版社,2006.

[9] 宗士杰．发电厂电气设备及运行[M]．北京:中国电力出版社,2003.

[10] 袁铮喻,张国良．电气运行[M]．北京:中国水利水电出版社,2004.

[11] 廖自强,潘龙德．电气运行[M]．北京:中国电力出版社,2007.